THE ART & POWER OF ACCEPTANCE

YOUR GUIDE TO INNER PEACE

接纳

在坚硬的世界柔韧前行
并拥抱无限可能

〔美〕艾希莉·戴维斯·布什 Ashley Davis Bush　著

中国青年出版社
CHINA YOUTH PRESS

图书在版编目（CIP）数据

接纳：在坚硬的世界柔韧前行并拥抱无限可能／
（美）艾希莉·戴维斯·布什（Ashley Davis Bush）著；彭相珍译.
—北京：中国青年出版社，2021.6
书名原文：The Art & Power of Acceptance: Your Guide to Inner Peace
ISBN 978-7-5153-6341-7

Ⅰ.①接… Ⅱ.①艾… ②彭… Ⅲ.①人生哲学－通俗读物 Ⅳ.①B821-49

中国版本图书馆 CIP 数据核字（2021）第063317号

接纳：在坚硬的世界柔韧前行并拥抱无限可能

作　　者：〔美〕艾希莉·戴维斯·布什
译　　者：彭相珍
策划编辑：张祎琳
责任编辑：于　宇
美术编辑：杜雨萃
出　　版：中国青年出版社
发　　行：北京中青文文化传媒有限公司
电　　话：010-65511272 / 65516873
公司网址：www.cyb.com.cn
购书网址：zqwts.tmall.com
印　　刷：北京博海升彩色印刷有限公司
版　　次：2021年6月第1版
印　　次：2024年9月第6次印刷
开　　本：880mm×1230mm　　1 / 32
字　　数：133千字
印　　张：7
京权图字：01-2020-6132
书　　号：ISBN 978-7-5153-6341-7
定　　价：49.90元

版权声明

目　录

第 5 章
接纳现实　135

第 6 章
接纳过去　159

第 **7** 章

拥抱无限可能　185

在人类心理学中，**接纳**是一个人对现实情境的认同，是对一种过程或条件（通常是消极或令人不适的情况）的认可，而不试图改变或抗拒它。这个概念，与来源于拉丁语的acquiescence（得到安宁）的"默许"的意思很接近。

维基百科

序　言

> **如果让我为开悟下个定义，我会说
> 它是'平静地接纳现实'。**

韦恩·戴尔

一天，我和一位挚友共进午餐。当我把戈贡佐拉奶酪汁淋在意大利饺子上时，她告诉我，公司新来的业务督导要求她用一个词总结自己的工作。

朋友问我："你听说过电梯游说吗？"我表示自己听说过。电梯游说，是指在乘坐电梯的短暂时间内，用极具吸引力的方式，简明扼要地进行一场游说。我的朋友接着说："新督导的这个要求，更像是电梯关门瞬间的游说。"

我有点好奇。她接着解释说，这个练习不是为了营销，而是为了让思维变得更清晰。通过一个词来提炼工作的核心要素，你就能突出工作的本质和目的。

我的这位朋友是位声乐老师，同时也是名演讲教练，她用"声音"这个词描述自己的工作。参加同一个智囊小组①的一个医生，选择了"治愈"；财务顾问选择了"财富"；珠宝商选择了"装饰"；

---

① 智囊小组：国外的一种社交方式，具有相同需求的一群同龄人定期聚会，利用集体智慧和力量互相提供建议和支持。——译者注

餐馆老板选择了"营养"。

她继续说："你认为你的工作可以用哪个词提炼，比如'改变'？"

嗯……改变。毋庸置疑，陷入危机的客户打电话给我时，迫切寻求的的确是改变。在一些特定的诱因出现的时候，如某种感觉过于强烈，两性关系变得过于棘手，或者是处于某种难以忍受的环境时，他们会向我寻求帮助。

回想这30年来的工作，我治疗人们的悲伤、孤独、焦虑、痛苦、抑郁和压力，我发现，尽管改变在治疗过程中屡见不鲜，但它并非我工作的中心。这个中心应该是一些更为基础的，能够触发改变的东西。一些更微妙但能够带来更多自由的东西，才是我工作的中心。

我抿了一口咖啡，试探着说："我觉得我的那个词，不是'改变'。"想了片刻，我补充道："我的词应该是'接纳'。"

朋友摇了摇头，有点儿恼羞成怒地说："接纳？客户找你难道不是为了改变？"我回答她："讽刺的是，一旦他们刻意地选择接纳，一切都会开始改变。"

当晚，我深入地思考了"接纳"的本质——平静地接纳现实。然后意识到，这个词不仅能完美地描述我的工作本质，而且可能是追求宁静与幸福路上最战无不胜、最出人意料的生存技能。因为主动的接纳，竟然能够带来出乎意料的情绪释放。

接纳打开更多可能性

不过，身处困境之人，可能会拒绝主动的接纳。他们甚至可能会想，凭什么，在痛苦不堪，迫切地想要寻求解脱的时刻，如果我选择听天由命，不仅什么都不会改变，甚至还会因此陷入绝望的无尽深渊。诚然，乍一看，接纳并没有什么吸引力，它没有"快乐"和"幸福"的天然光芒，也不像"乐观"和"坚韧"那么充满希望，也没有"成功"和"转型"那么令人信服。然而，接纳却是获得所有这一切美好事物的出乎意料的路径。

说实在的，"接纳"这个词的口碑很差，因为它通常和认命、失败一起出现，甚至意味着放任自流。但是接纳并不意味着容忍虐待、宽恕不公或是深陷病态无法自拔。接纳也不意味着认命，甚至委曲求全。接纳是面对现实的平静态度，通过观念的转变，实现消弭挣扎、化解对立并最终实现顿悟。

把这本书当作一个邀请吧，邀请你用不同的方式思考接纳，发现理解生活的新途径。我相信你会发现，接纳并不意味着坐以待毙或者止步不前。相反，接纳使你可以主动顺应自身的感觉和处境，打开更多的可能性。**接纳是一种思维的转换，可以带来持久的内心平静。**

我们都曾经历逆流而上的时刻——需要与困境顽强斗争、幻想坏事不曾发生、懊悔说过的和来不及说出口的话或批判自身的不足。经过多年的挣扎，强行改变自己、他人和环境，甚至想改变过去的徒劳尝试之后，你或许会发现，接纳才是引导我们获得理性和智慧的正途。接纳，让我们开阔视野、增长见识，让我们能够坦然接纳眼前的事实，接纳生活原本的样子。**然后，无限的可能性随之展开。**

松开绳子

想象自己置身美丽的田野，手里拽着一根绳子，正在拔河。绳子的另一端，是一个蒙面神秘人，他也在用力拉着，于是你拉得比对手更用力。你的对手实际上就是生活，它试图将你拉入你不喜欢，也不想要进入的境遇里：堵塞的交通、增加的体重、看不到头的队伍、烦人的上司、酗酒的母亲、确诊的癌症、意外的死亡，等等。不！我无法承受了！你绝没有想过让这些事情发生，无论是有点烦人的小事，还是无可挽回的悲惨命运，都不是你想要的！而生活这个可恶的蒙面者，就是一切不幸的始作俑者。你猛地用力拉扯绳子。

你想着，如果我拉得足够用力，就能稳住这条该死的绳子，就能控制人生。

问题是，你所谓的对手——生活，总是比你更有力。那根绳子永远不会静止不动。你不想要的事物，依旧会罔顾你个人的意愿发生，且无法如愿停止。有时候，它们会令你感到无比沮丧、精疲力竭、痛苦不堪或彻底心碎。佛教中，有个专门形容这种境地的术语——**第一圣谛**，指的就是人生而受苦。

但如果有办法能终止这场拔河战呢？如果你能停下与绳子的对抗，然后放松下来呢？如果有些简单的方法，能帮助你接纳真实的生活呢？想象一下，如果停止与生活的角力，你就能够感受到的释放与解脱——只需要松开手，看着绳子自然滑落。是的，放手吧！当你能够坦然地接受生活——当你不再拉扯绳子的另一端时——你就可以坐在美丽的田野中……享受内心的平静……然后，静嗅花香。

这本书，将帮助你松开那根绳子。它阐述了通过接纳实现的内心平静和改变人生的力量，是我们通往更平静、更满意的生活体验的最佳途径。接纳的艺术，融入我们每个人的内心，与我们每个人独一无二的人生旅程密不可分。当你发现能与自己和生活更融洽地相处时，接纳的力量就得到了显现。

> **有一片田野，它位于是非对错的界域之外。我将在那里等你。**
>
> 鲁　米

接纳可改变人生

莉迪亚（Lydia）和萨曼莎（Samantha）是两位母亲，均在年近50岁时痛失挚爱的子女。多年前我曾为她们提供治疗，她们彼此并不认识，但却有着极为相似的人生经历。

3年前，莉迪亚不幸地失去了20岁的女儿。她的女儿有着多年的吸毒史，在戒毒所里成功治疗了一段时间后，女儿的精神看起来好多了。但谁也没能想到，她的女儿会在一个夏夜因吸毒过量而死亡。

同样在3年前，一场车祸导致萨曼莎不幸地失去了18岁的儿子。她的儿子刚高中毕业，充满希望的人生正待开启，但却被酒驾司机撞倒，当场死亡。

但是她们之间的相似之处，远远不止痛失至亲。莉迪亚和萨曼莎，都曾在小时候遭受过性虐待——一个的施暴者是自己的舅舅，另一个的施暴者是自己的邻居。并且，她们都体重超标且患有二型糖尿病。此外，莉迪亚和萨曼莎都和自己专横难缠的母亲住得很近。这就是她们所有的相似之处。

在为她们提供治疗的时候，莉迪亚仍然沉浸在对自我的恼怒之中。对于女儿的毒瘾、吸毒过量和死亡，她自怨自艾，不断回忆往事，自责不能防患于未然。因为无法宽恕自己，她怨气满腹，郁郁寡欢。与此同时，她对自己可怕的童年经历也愤恨不平，因为她无法理解为什么自己会遭受性虐待。

我安静地与莉迪亚坐在一起，感受她的悲痛。她被愤怒冲昏了头脑，意识不到愤怒掩盖之下的痛苦。我教她运用正念疗法（感受伤痛）、自我关怀（在伤痛中关爱自己）和静心疗法，但都没有奏效。她还是一样地萎靡不振，怨天尤人，不肯正视女儿已经离去的事实。莉迪亚身体痛苦、精神紧绷，明知身患糖尿病并发症，还经常吃糖。她经常歇斯底里地与母亲大吵大闹。生活越是用力拉扯那根绳子，莉迪亚就越是用力反抗。当莉迪亚不再来参加治疗时，我心中怅怅不乐，因为我没能帮到她。

反观萨曼莎，她能够意识到悲伤带来的深远负面影响。她心胸开阔、哀而不伤，能接纳我建议的正念疗法和自我关怀的练习，并与生活和解。她能够善待自己，学会忍受和接纳丧亲之痛。

生活用力拉扯着绳子，但萨曼莎没有硬抗；她放手了。她没有陷入悲伤不可自拔——相反，她仕悲伤流淌，接受悲伤的洗礼。最终，她转而从这样的经历中，获得新生的可能性。她开始倡议出台更严格的酒驾法，并活跃在一个名为"关爱之友"的丧亲组织中（详见第162页）。

当萨曼莎开始感到内疚或自我厌恶（两种自然流露的人类情感）时，她用自我关怀的疗法直面情感、消除不良情绪。她抚今追昔，把自己的经历看作必经的人生旅程。在心理上感到了更多能量后，她开始尝试逐步改变饮食习惯，并定期锻炼。全新的自我关系，让她清楚地认识到，要与母亲建立相处的界限，而不是和母亲针锋相对。

　　萨曼莎通过直面苦难、接纳自己，能敞开心扉面对现实。由此，她获得了情感自由，造就了更美好的现实。而一直保持自我封闭和高度戒备的莉迪亚，最终仍然自暴自弃，拒绝接受自身的痛苦和失去女儿的真相。虽然遭遇了相似的困境，但她们最终却活出了截然不同的人生。

> **❝ 萨曼莎抚今追昔，
> 把自己的经历看作
> 必经的人生旅程。❞**

改变人生的一把钥匙

接纳，作为一种久负盛名的情感和精神疗愈方法，并非标新立异。在现代心理学和宗教文本中，接纳均被视为解放人格的目标。但是，问题在于——实现这个目标并非易事。显然，接纳并不像弹指一挥或对自己说"忘了它"那么简单。接纳可能会让人感到艰难、痛苦和完全不可能。我们要怎么样，才能学会接纳人生的不可能呢？

在多年的职业生涯中，我认识到一切都是从自我开始的。无论你是在接纳他人、现实还是过去的事件，都需要从自身出发——源于自我的感受，最重要的是，如何对待自我。当你能够自我关怀时，就会更容易接纳现实。**自我关怀，就是打开接纳之门的钥匙。**

这就是本书的精髓：自我关怀—接纳—回归平静。强调自我关怀的技巧，利用其科学的益处，驾驭更高层次自我的能力——所有这一切，都使我们能够从抗拒痛苦，到认同自我，再到实现自我接纳。虽然每个人的人生旅程都是独一无二的，但这本书仍然为所有人提供了一份指南，让我们可以改善与自我的关系以及与生活的关系。

"一切始于自我。"

本书阅读指南

我们每个人都可以选择放弃抗拒、松开绳子，这不是否认现实，而是学习用新的方式来应对生活。在本书接下来的章节中，你会看到接纳如何成为全新的心态。

在第1章中，你会看到**接纳之旅的导向图**，了解接纳是一个从抗拒痛苦，到认同自我，再到接纳可能的过程。第2章重点介绍了**自我关怀**的技巧，它是实现接纳不可或缺的过程。当你学会接纳自己的感觉，并在这个过程中善待自己时，你就消除了抵触情绪，接着就能朝无限的可能继续前进了。

第3章至第6章探讨接纳在生活中的具体应用：**接纳自己、接纳他人、接纳现实、接纳过去**。当我们在轻松地接纳升职、订婚、意外之财和充满异域风情的假期等这些有趣、快乐的事情时，也需要牢记生活中同样充满了无数的困境。在这本书中，我们谈论的是，接纳那些自我感觉不可接纳的事情：虐待、恼人的前任、疾病、自我厌恶、上瘾、不忠、痛失所爱，甚至死亡。自我关怀是最靠得住的做法，能够一次又一次地帮助你顺利走上接纳之旅。

认同现实是接纳之旅的一部分，但并不是全部。最终，你会遇到一个关键的问题：现在怎么办？第7章更详细地探讨了这个问题，探讨了**可能性的力量**，探讨了可以改变什么以及如何改变。我们的文化倾向于认可负隅顽抗和主动出击，并认为这是改变的最佳途径。

但是，就像顺风使船和逆水行舟那样，在接纳中含苞怒放的变化更甜蜜，也更余味无穷。在这里，你会发现希望的曙光。

　　每一章都穿插着真实故事和临床案例（为保护隐私，姓名、细节均有改动）。这些故事说明了在生活中可能体验到的接纳程度。对于一些人来说，认同当下是理所当然，无须他人加油鼓劲，他们只是耸耸肩、点点头（好吧，就是这样）。对另一些人来说，认同会让人感觉像是一种友谊，一种欢迎的信号（就好像在说，哦，你好，请进）。而对于其他人来说，认同的体验，会是一个熊抱，一个温暖的怀抱，或者一个热情的欢迎仪式（就像是：我喜欢这样！来吧！）。第3章到第7章每个章节的结尾处，都会提供对更强烈情绪反应的探讨和反思，展示了你如何才能**"将接纳提升至新境界"**，将接纳提升到超然的境界。

　　在每一章的结尾处，我会分享必要的**"赋能技巧"**，帮助你将这些知识更深入地与生活融会贯通。我将为你提供一个主要的工具和两个额外的技巧来扩展适合你自己的实践。

> 接纳，看似一切都没有
> 改变，实则一切都已改变。

改变，就在此刻

接纳的感觉就像长叹一口气……啊啊啊。接纳就意味着你选择了顺风扯帆，而不是逆流而上。以自我关怀为基础的主动接纳，就像"世界以痛吻我，我却报之以歌"。意味着生活能够少一些压力，少一些紧张，多一些随性，多一些轻松。

如果你一直在努力进行改变、努力追求不同的人生，但却屡战屡败……如果你一直在自责，因为无法实现任何可以让自我感觉更好的改变……如果你厌倦了对事实视而不见（或沉迷于不现实的妄想），那么是时候做出改变了。

接纳需要时间和勇气，是个循序渐进的过程。接纳并不总是一条平坦的大道，但它是一个解决方案，具有超越想象的强大潜力。我相信，你会发现拥抱这种生活态度，会给你带来情感上的解脱、内心的平静以及个人的转变。

放弃无用挣扎的时机已到。

自由释放情感的时机已到。

真正的探索之旅，并不在于寻找新的风景，而是拥有一双不同的眼睛。

马塞尔·普鲁斯特

第 **1** 章

接纳之旅——从抗拒、顺应
到无限的可能

由于达拉斯雷暴雨来袭，我们乘坐的飞机更改了航线，刚降落在俄克拉何马州的塔尔萨。此刻，飞机正停留在跑道上。

机长广播说："各位乘客，由于天气原因，我们将在这里稍作停留。感谢大家的耐心等待，如有变动，我将第一时间通知大家。"

周围的人开始焦躁不安。机长接着说："提醒一下，请大家不要擅自下飞机。请大家待在自己的位置上，但可以站起来活动活动。"

我坐在飞机的第一排，所以当我站起来伸伸腿、活动活动时，正好看到空乘人员如何应对乘客的小规模混乱。乘客一个接一个地冲到前舱，将沮丧、不满的情绪发泄到空乘身上："我还要赶下一班联运航班！""我要下飞机！""我们还要在这里待多久？"

我旁边的空姐尽量以平静的语气回应说："我们无法左右天气，但是我们会尽快将您安全送到达拉斯。"

一个男人尤为暴躁地冲可怜的空姐吼道："我今天下午还有会议，我现在必须马上去达拉斯！"

"先生，"她再次重复，"我们都希望尽快到达达拉斯，但我们无法控制天气。"我能听出她语气中明显的克制。

这名男子气红了脸，回到了座位上。我环顾四周，发现接受了延误事实的乘客，与那些无法接受这个事实的乘客之间，存在显著的差别。那些陷入抗拒情绪的乘客心烦意乱、焦躁不安、气急败坏。而那些接受了现实的人，则看起来镇定自若、从容淡定。他们或在安静地阅读，或在发短信。

为什么在这种所有人都无法左右的情况下，有些人被他们的抗拒情绪所劫持（这个词相当应景），而另一些人却能够顺其自然呢？当然，我们都知道接受现实，通常说起来容易做起来难。如果你当时在飞机上，你会作何反应呢？

接纳的困境

"accept"（接纳）的拉丁词根意思是"面对自己"（to take toward yourself）。这也就是我所说的接纳的核心——从难以容忍到欣然接受。

我们常常将当前所处的境遇视为艰难的、恐怖的、麻烦的、应该抗拒的，不到万不得已，绝不会接受。因此，我们要么不断抱怨，要么竭尽全力地去扭转局面。在一个鼓励不断进步和奋斗的文化中，接纳常常被误认为是万不得已的选择，就像安慰奖一样。你的意思是让我服老？还是我已经负债累累？接受我的老板是个白痴？还是内心毫无波澜地接受我儿子的死亡？

与其思考接纳是什么，倒不如分析什么不可以称为接纳，这或许更有利于理解。接纳并不意味着软弱地妥协或漠不关心地一味顺应；接纳并不意味着你喜欢现状；接纳并不意味着要纵容不良行为，或认为不存在改变的可能。

从某种程度上说，接纳有点类似于宽恕。宽恕他人可怕的行为并不意味着你认为这些行为是正确的；宽恕并不意味着你尊重他们的选择；宽恕意味着你选择接纳已经发生的事情，让它随风而去，然后继续自己的生活。人们之所以能够宽恕凶手和性骚扰者，为的是自己可以摆脱郁积的愤怒和怨恨，继续生活，而不是认可这些可怕的行为。接纳也是为了获得自我的自由而做的类似于宽恕的选择。

> ❝ 接纳是你的选择，一个主动的选择。❞

接纳之旅

匿名戒酒会①发明的戒酒十二个步骤，现在也用于许多成瘾和强迫症的恢复治疗，而接纳被视为治疗的**开始**（第一步："我们承认自己无法解决酒瘾问题，它使我们的生活变得一塌糊涂"）。

伊丽莎白·**库伯勒·罗丝**（Elisabeth Kübler-Ross）在其1969年出版的《论死亡与临终》(*On Death and Dying*)一书中，提出了著名的库伯勒·罗丝模型，讲述了患者面对绝症时哀伤的五个阶段（否认、愤怒、挣扎、沮丧、接纳），最终以接纳**结束**。

本书从一个包含了三个阶段的旅程的视角，来探讨接纳的过程：从开始的**抗拒**，发展到顺应，最后以**可能性**结束。

---

① 1935年6月10日创建于美国，旨在帮助协会成员及更多的人从嗜酒中解脱出来。——译者注

自我关怀/转变/行动

抗 拒

自 我　　起 点

他人/现实/过去

改变现状

可能性

调整方向
以适应现状

顺　应

❝简单地说，把抗拒
看作'拒绝'，
顺应看作'认可'，
可能性看作
'接下来怎么做'。❞

假设你伤风感冒了，非常严重。起初，你可能会**抗拒**它，不愿意承认这个事实：不会的！我不可能生病；我没有时间生病；我讨厌生病；我真希望没有生病。过段时间后，你开始**顺应**生病的事实，承认自己的身子是有点虚弱，并且挺难受的：好吧，我病了，我真的生病了，面对现实吧，我感觉真痛苦。到了最后一个阶段，当你顺其自然后，各种**可能性**就出现了，你开始注意到你其实可以做一些其他的选择：我可以吃药；我可以睡觉；我可以请假休息几天；我可以来一罐热鸡汤；我可以看我一直想看的电视节目。从这三个阶段我们可以看出，接纳能带我们走出痛苦，走向平静，看到可能性。现在，让我们详细了解这个过程的每个阶段。

**❝接纳能带我们走出痛苦，
走向平静，看到可能性。❞**

抗拒阶段

我曾经听过丹·西格尔（Dan Siegel）的一场演讲，他是一名临床精神科医生兼作家。在演讲中，他提及许多关于育儿、神经生物学、冥想和适应能力等方面的知识。他让我们闭上眼睛，边听他说话，边留意自己的感受。当我们闭上了眼睛，他用力地说"不"。然后他又大声且坚定地重复："不。"他说了七遍。

过了一会儿，他放缓语气说："好。"然后轻声地说"好"，再接着坚定地说"好"。他又同样地重复了七遍。

"现在，大家睁开眼睛吧。"他说，"你们经历了什么？当我开始说'不'的时候，想到了什么？"听众开始说他们的感受："'突然透不过气''紧张''像是在退缩，畏惧着什么''感觉自己被困在责备声中''心跳加速'，等等。"

"那当听到'好'时呢？"他又问。我周围的听众开始说："'自由了''心里的石头落地了''心胸开阔''内心慢慢平静''轻松的感觉''内心得到了慰藉'，等等。"

西格尔接着描述了基于反应和抗拒的"不"的心态，实际上是如何激发人体的恐惧反应，导致人体陷入战斗或逃跑，或僵硬无法动弹的状态。而当我们基于承受性（也就是接纳），以"好"的心态进行大脑活动时，我们会激活大脑中的关怀和社交系统，从而平静下来。

抗拒（大脑发射"不"的信号）需要耗费大量的精力和注意力。

因为"不"既是一种抗拒性思维，又是强大的神经系统激活因子，它会刺激人体的交感神经系统（负责激起战斗或逃跑反应），大脑会分泌大量的多种应激化学物质，如皮质醇、肾上腺素和去甲肾上腺素。而抗拒就是大脑在逆流而上，与现实抗争。

抗拒，就像是疯狂地拉紧那根与生命拔河的绳索，妄图终止其运动，但这最终只会让我们自己被磨伤。而这时大脑中的神经系统处于无比吃力的状态，是疲惫和痛苦的。

抗拒就是佛教的教义中所说的"第二支箭"。在一个著名的寓言中，佛陀将第一支箭描述为生活带来的所有痛苦（例如确诊癌症、痛失至亲、失去工作）。这些只是生活的一小部分。但是如果我们还往自己的伤口上撒盐，不断地说"不""这不可能""为什么偏偏是我""我希望这不是事实""我不能接受"等，就会导致我们要承受第二支箭——抗拒之箭（对第一支箭的消极反应）所带来的痛苦，而第二支箭才是我们真正痛苦的来源。当你咬牙切齿、紧握双拳去与生活对抗时，紧张以及抗拒的压抑之苦便随之而来。消极的反应会加重痛苦，这就是佛陀所说的"第二支箭"。

受苦 = 痛苦 + 抗拒

我们都知道，与现实抗争会令人筋疲力尽。然而，我们却习惯性地深陷这种痛苦而无法自拔。当现实（无论是过去还是现在）与我们的预期不符时，长期的痛苦或"不舒服"（缺乏"放松"或和谐）就会随之而来。抗拒是黑暗和消极的；它淹没了我们的心灵，让我们无法看见可能性。

精神专家和心理分析学家卡尔·荣格（Carl Jung）曾说："你所抗拒的，不仅不会消失，反而会日益强大。"换句话说，人类负隅顽抗的情绪只会日益加重。当你抗拒时，你实际上在放大并强化其力量。没有人想徒增本想要摆脱的极度消极情绪，也没有人想变得充满怨恨、责备、痛苦、焦虑或愤怒。但是当你选择抗拒时，你就事与愿违地成为消极情绪的受害者，但接纳可以让你放松下来。当你放下抗拒，敢于正视和面对问题去接纳现实时，你就不会再被消极情绪牵着走，内心就能自然地恢复平静。

通常，抗拒所带来的痛苦，会刺激我们进入接纳的阶段。因为抗拒会让我们受伤，在我们与它僵持的时候，或许黑暗中传来一声低语，或许是我们心头突然涌上一个想法，让我们意识到或许除了顽抗，我们还有别的方法，能够让我们不那么痛苦的方法。当你在这种意识的边缘徘徊时，会有一束光显现，指引你走向"顺应"阶段。

❝抗拒只会令人筋疲力尽！❞

顺应阶段

顺应"现实"意味着对现实说"好"——这就意味着，接纳自己当前痛苦的感觉，接纳他人本来的模样，最重要的是，接纳当下的处境。当然，这并不意味着你喜欢或赞同发生的事，你只是接受了你当下需要面对的现实。

若想自在地应对所有状况，首先要接纳你对于现实的真实感受，允许自己体验真实的感受，哪怕是希望事情根本没有发生的妄想（做到这一点的关键在于自我关怀，详见第2章的内容）。当你顺应自己的感受，饱含关怀地肯定自我感受时，你会注意到自己开始激发顺其自然而非抗拒的情绪……随之而来的是一种轻松的感觉。而当你放松下来，事情的转机就会出现。

就像练习日本合气道一样，顺着对方攻击你的力量，小心防御，趁机将对手的力量化为己用，进行反击。你可以效仿合气道的技巧，有效地消除自身的抗拒情绪。当你有意去靠近"现实"，而不是抗拒它时，你就为自己创造了一个轻松的氛围。这个过程能够让你正视现实的本质并着手解决问题，而不是浪费精力去幻想一切都还没有发生。

停下来、深呼吸、放松一下，想象这能够带来多大的释放——此刻，让自己客观地去看待"现实"的本质。你会发现，即使看似没有发生任何改变，但一切都变了。

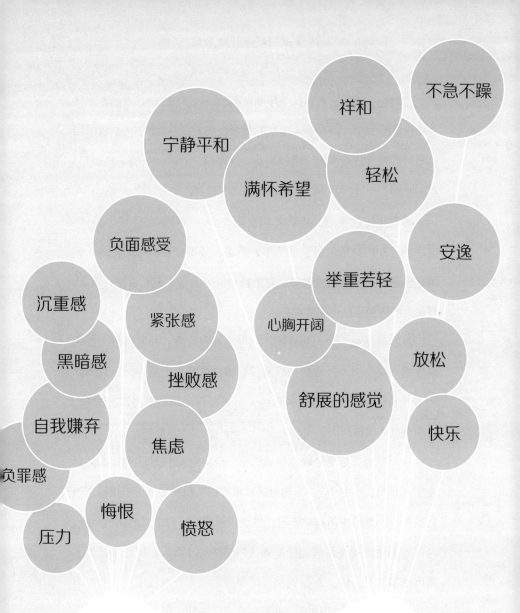

抗拒的风险

顺应的益处

让我们更具体地看看这个接纳过程是如何发展的。45岁的夏洛特已经结婚18年了，得知丈夫杰里和他的同事有了已经持续6个月的婚外情后，前来找我咨询。她说在丈夫洗澡时，看到丈夫的手机亮起，提示收到"小三"的短信，她感到如晴天霹雳。

杰里走出浴室后，她就开始盘问杰里。一开始他还极力否认，说压根不知道这短信是怎么回事。但是，经不住夏洛特的哭闹，最后他还是承认了出轨的事实。夏洛特心目中的好丈夫形象彻底崩塌，自认为的幸福生活也不复存在。

夏洛特是和杰里一起来的。杰里表示很后悔，并愿意马上结束这段婚外情。因为经常见到丝毫没有悔改情绪的出轨夫妇，我觉得事情还有转机。杰里甚至表示他会尽可能地申请调到其他分公司，跟那个女人保持距离。

从一开始，夏洛特就反复纠结于一个问题："这样的事情怎么会发生在我和我丈夫身上？"她对这种事实的抗拒，完全可以理解。当她想象中的幸福生活被粉碎时，她觉得被背叛，并因此而痛苦至极。这时她的交感神经系统，已被激活为慢性战斗模式，神经系统处于高度戒备状态。她一直在纠结杰里和那个女人之间发生了什么，迫切地想要知道所有的细节。杰里愿意交代一切，但害怕会进一步激怒夏洛特。

夏洛特陷入了无尽痛苦中，难以接纳杰里（"过去我一直认为他对我是忠诚的"），难以接纳丈夫出轨的事实（"真希望这从未发生在我们身上"），难以接纳过去（"如果我能重返过去，改变过去，或许这一切就不会发生"），她甚至拒绝接纳自己（"我一定是个糟糕的妻子"）。夏洛特身上体现了所有可能的拒绝接纳的方式。

无论是对杰里，还是对那个女人，夏洛特都不抱有一丝同情，甚至对她自己也是如此。在她内心深处，难以启齿的羞愧缠绕着她，她羞愧于这么多年来没有成为一个完美的妻子，所以认为当下的痛苦是她应受的。

夏洛特和杰里在从抗拒到顺应的过程中，僵持了几个月。在这个过程中，夏洛特流尽了眼泪，甚至两人因此分开了两个月，这让夏洛特意识到，她的无情抗拒正在阻碍他们解决问题。她不断谴责杰里、责怪自己、不肯接受事实、反复纠结于这个怪圈，这让他们俩都陷入了止步不前的困境。我知道，如果夏洛特不能及时地缓解她的抗拒，那毁掉这段婚姻的，就不是杰里的婚外情，而是夏洛特在发现婚外情后的抗拒反应了。只有她从抗拒中真正走出来，才能挽回这段婚姻。

> **❝ 如果夏洛特不能及时地缓解她的抗拒，那毁掉这段婚姻的，就不是杰里的婚外情，而是夏洛特在发现婚外情后的抗拒反应了。❞**

开始转变

对于夏洛特来说，自我关怀是开始转变的关键一步。她不再一味地抗拒，开始尝试平静地对她所承受的痛苦和所失去的东西表示理解。她开始平和地面对悲伤，不再幻想所有的一切都没有发生。她的心一点一点地打开，直至僵硬的内心足够软化，能够开始接纳痛苦（"这是我的真实感受"），接纳婚外情这个事实（"这就是我要面对的现实"）。

坦然地面对内心真实的自我感受，并接受负面情绪的存在，而不是试图说服自己去摆脱它，创造了一种对她来说前所未有的、自我关怀的体验。夏洛特所有负面情绪的自然流露，她的糟糕的体验（她的痛苦）变成了一种安慰（她的自我安抚）。承认并接受自我的感受，而不是逼迫、抗拒、评判和挑衅，这对于夏洛特来说真是一种解脱。

当我们选择顺应，一点一点地顺应真实的感受和体验，我们就可以减轻因抗拒而产生的身心紧张和压迫感。

从神经学上讲，接纳意味着激活副交感神经系统（人体的"一切安好"的系统），以确保我们可以休息、放松和恢复精力。所以，顺应我们自身的抗拒情绪，就能够清空那些被抗拒占据的空间。然后，在这些腾出来的空间里，我们可以自由地与现实和平相处。只有这样，我们才能有足够的空间接纳新事物。这便是悦纳之旅的第三阶段——可能性。

接纳带来可能性

当我们不再纠结于"不",而是转向"好",接纳现实的存在,我们就为"接下来怎么做"这个问题创造了心理空间。直到此刻,我们才能够放下恐惧和愤怒,带着好奇心去探索新的可能性。换句话说,在此关头,随着思路渐渐清晰,我们会意识到还有补救的机会,还能做一点改变。

对于夏洛特来说,在从抗拒("不")进入顺应("好")后,她就摆脱了抗拒情绪的束缚,能够继续生活下去("接下来怎么做")。从"接下来怎么做"开始,夏洛特和杰里一起,认真地经营一段"新的婚姻"。显然,在他们过去的婚姻生活中,出现了不小的裂痕,以至于其他人能够乘虚而入。随着咨询治疗的推进,他们也逐渐敞开心扉,说出了这些年来从未提及或讨论过的孤独感。

夏洛特明白,即使在过去,她还不至于是一个糟糕的妻子,但大多数时候,她忽视了与杰里的内心交流。她太过专注于创造一个幸福的家、营造轻松的家庭气氛,所以她从未与杰里分享过自己的担忧、困难或感受,她也没有让杰里过多地参与到女儿的成长过程中。所以,这让杰里感到被孤立、无法融入家庭、不再被爱。这使得两个人的精神世界脱轨,各自在孤独中生活。

为新事物创造空间

在夏洛特和杰里承认并接受了他们的过去之后，治疗的重心转移到帮助他们建立更深的亲密关系，以及增加彼此的信任度。通过接纳现实并放松心情之后，夏洛特终于能够完全理解杰里的忏悔，并接受了他发自内心的道歉。然后，他们达成了一些约定，并表达了各自对接下来婚姻生活的期许。在未来，他们将更加敞开心扉地与对方分享，更自在地交谈，并建立更加亲密的夫妻关系。

整个治疗结束的时候，夏洛特和杰里明显变得更快乐了。夏洛特微笑着说："在我刚知道这段婚外情的时候，我记得我曾说过，这是我遇到的最糟糕的事。现在，我当然不会觉得这是件好事，但可以说是一个提醒吧。有点像警钟，因为它确确实实为我们带来了一些改变，让我们都得到了成长。因为它，我们的婚姻才有了重生的机会。"

我为他们重新找回了爱情而感动，立刻赞扬了夏洛特的勇气和实现内心接纳过程的努力。她给了彼此一个重启的机会。如果她仍然坚持抗拒，她就永远不能获得一段全新的婚姻。她坦然地面对了这段婚外情带来的方方面面的创伤，顺应自己的感受和处境，敞开心扉接受新的变化。如果没有这个主动的接纳过程，她和杰里就不会有复合的机会。

一段独特的旅程

从痛苦万分，到平静下来，再到发现其他可能性——接纳之旅能够带来内心和灵魂的宁静。这种内心深处的平静，带来了情感上的自由。因为每个人的背景、个性和脾性不同，所以我们每个人接纳的过程看起来都会有所不同。事实上，我们每个人在这个接纳的旅程中，自我引导的方式本身就是接纳的独特旅程。**在接纳的过程中，走自己的路，就是正确的路。**

从说"不"到说"好"

实际上，在接纳之旅中，最难的就是从抗拒走到顺应，从"不"走到"好"，无数人深陷抗拒的情绪，而走不出这一段路。通往顺应的大门，看似难以通过，但其实这扇门的钥匙已经在你手里，这把钥匙就是——自我关怀，这将是我们下一章的主要内容。

赋能技巧

核心技巧：营造画面感

闭上眼静坐，想象自己正逆强流而上。与逆流的阻力的拼命对抗，已经令你筋疲力尽。感受肌肉的紧绷酸胀、身体的疲惫，保持漂浮的挣扎，感受在努力呼吸时拍打在脸上的水。这就是**抗拒**现实的感觉。

现在，再想象自己张开双手、不再挣扎、顺流而下。仰面翻身、漂浮于水面，任水流带着你走。感受照在脸上的阳光，身下浮浮沉沉的水流，欣赏头顶广阔的蓝天。这就是**顺应**现实的感觉。

最后，想象自己躺在一个舒适的木筏上，随着它缓缓地漂向下游……然后你坐了起来，环顾四周，欣赏着两岸美丽的自然风光，好奇转弯处有什么风景。你可以随时停下来，东走走、西看看，只要你愿意。这就是无限**可能性**的感觉。

附加技巧1：身心放松呼吸法

4—7—8睡眠呼吸法是一种历史悠久的呼吸技巧，有利于放松身心，调节人的副交感神经系统。经常练习这套呼吸法，一段时间后，你会看到良好的效果。

1. 用鼻子吸气，在心里数**4**个数。

2. 停止吸气，屏住呼吸，在心里数**7**个数。

3. 用嘴呼气，就像你在用吸管吹气一样，在心里数**8**个数，然后你会发现肌肉得到放松，心率减慢了。

4. 重复以上三个动作，至少完整重复两次。

早晚各做三遍，效果最好。

附加技巧2：沉思法

安静地观察，可以放松身体，也可以通过一些简单的正念训练大脑。可以根据自己的情况，选择性地练习下列沉思方法：

天空：花几分钟仰望天空，或在你的脑海里想象天空。注意天空的颜色。如果有云的话，云朵是什么形状，有什么变化。像个好奇的孩子一样，感受天空的奇妙变化。天空就像是一个没有任何限制的空间：不论是云、雨，还是黎明和黄昏，都可以存在。把自己的意识当成云朵，看它们在意识的那片天空流动，让天空教会你顺其自然和接纳。

树：花几分钟观察一棵树，或在脑海里想象一棵树。看看树皮有着什么样的纹理，叶子是什么颜色，照射在树上的光线是怎样的。你能听到一些声音，或者看到一些变化吗？沉思树木无法抵挡风雨的事实，当树叶变得枯黄，掉落地面，树不会选择去抗拒这些变化。感受树是如何优雅地顺应自然，接受大自然的力量。然后让树教会你顺其自然和接纳。

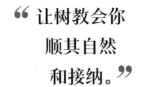

**"让树教会你
顺其自然
和接纳。"**

"既来之，则安之。"

孔子

第 2 章

接纳的钥匙——自我关怀

29岁的辛迪（Cindy）坐在我面前抽抽噎噎、泣不成声。这是我们的第一个疗程，她泪眼婆娑，和我描述她最近在婚礼上经历的恐慌症发作。此外，她最好的朋友要举行婚礼了，她害怕自己的恐慌症会再次发作。此次婚礼上恐慌症发作的风险会更大，因为她将作为伴娘出席。辛迪害怕会大出洋相，毁了朋友的婚礼。

　　她开始埋怨自己："我真失败，我就是一个笨蛋。谁会对婚礼感到恐慌呢？"她擤了下鼻涕，继续说："我不能再这样下去了，这简直就是噩梦。我得保证这样的事情不会再发生，以绝后患，我该怎么办？"

在她讲述的过程中，我能清晰地看到她已经陷入了抗拒的情绪，不能自拔，而且越说越焦虑。她试图与恐惧抗争，与自己抗争，与可能发生的糟糕事件抗争。这导致她精神紧绷、局促不安。

我坐在椅子上静静地听辛迪讲述自己的不幸。辛迪试图摆脱焦虑的束缚，但我知道，她的治愈之路可能会与她的预期大相径庭。我有多年的恐慌症治疗临床经验，因此我知道，她需要的是，学会如何转变应对恐慌的态度，不再与恐慌抗争，而要学会接纳。只有辛迪学会接纳恐慌症之后，恐慌症才不会那么频繁来袭，她也将不再如此苦恼。

正念和自我关怀疗法

辛迪告诉我，她不想采用药物治疗，反而对正念疗法很感兴趣。正念是一种有目的的内在意识，意味着需要有意识地去关注当下，并与之同在。**顾名思义，正念是一种接纳方式。**

当谈及吃饭、洗碗或享受孩子无邪的笑容时，正念的练习直截了当。然而，当你需要感知到某种难以忍受的情绪，例如生理疼痛、悲伤、恐惧，尤其是焦虑时，正念的练习就会充满挑战。逃避或不想过度关注这些痛苦的经历是人类的天性。实际上，在面对这些负面的情绪时，我们的第一反应恰恰相反——刻意分散注意力或者故意回避。

即使抱着不加评判的好奇心，我们也很难专注于令人不适的情绪或事物。所以，针对痛苦进行正念练习，将无法忍受的东西变得更容易忍耐或接受，就需要外界的援助。而自我关怀，就能够提供所需的辅助。把内心体验的正念想象成一把结实坚硬的木椅。虽然这把木椅能支撑你，但它坐起来不太舒服，而自我关怀就像是给它垫上了柔软的垫子，能够让你坐得更舒服。

那到底什么是自我关怀呢？大多数人有个粗略的概念，但缺乏清晰的了解。有些人将自我关怀和软弱无能、自私自利或者纵情恣意相混淆。**自我关怀是给予自我无私、温柔且有意的援助。自我关怀使我们能够接纳自身的痛苦，接纳自身的不足，接纳真实的自我。**

克里斯廷·内夫（Kristin Neff）是自我关怀疗法研究领域的一

位代表性人物。她将自我关怀描述为，将自己当成一位好朋友，去进行对话。内夫的研究证明了自我关怀的诸多益处——缓解抑郁、舒缓焦虑、减少压力，增强恢复能力、提升生活满意度和幸福指数。她在自我关怀练习的研究中，找到了三个主要的治愈元素：正念、共同人性、自我友善。

我将这三个部分融合为一个自我关怀的练习，我称它为ACT疗法练习〔承认（Acknowledge），关联（Connect），友善对话（Talk kindly）〕。起初，自我关怀可能会令人感到难以忍受和无所适从，所以我建议你跟着ACT疗法的流程练习，假装已经实现了自我关怀——哪怕只是形似而非神似。久而久之，你会真实地感受到自我关怀的作用。神经科学的研究已经得出了一个结论，即"一起被触发的神经元会联结在一起"〔神经心理学家唐纳德·赫布（Donald Hebb）提出的赫布理论①〕。换言之，反复的练习会将自我关怀变成习惯，这是一个潜移默化的过程。随着大脑中自我关怀神经通路的强化，自我关怀逐渐变轻松，越来越自然，最后变为自我接纳。

> **❝一起被触发的神经元会联结在一起。❞**
>
> 唐纳德·赫布

---

① 赫布理论：一个神经科学理论，解释了在学习的过程中脑中的神经元所发生的变化。赫布理论描述了突触可塑性的基本原理，即突触前神经元向突触后神经元的持续重复的刺激，可以导致突触传递效能的增加。这一理论由唐纳德·赫布于1949年提出。——译者注

通过承认
（Acknowledgement），
实现治愈，
一切尽在自我掌控。

善用内在的超能量

继续讲述辛迪的故事之前，让我们深入了解ACT疗法练习和自我关怀的三个方法。

承认现实

这指的是这么去说或者这么去想："艾希莉（Ashley），你那么地难过和恐惧。"承认一种感觉是主要的治疗手段。这样的力量源于身心放松。

在神经科学领域，这种镇静现象被人戏称为"重述而平抚"。作家和精神病学家丹·西格尔解释道：为感觉命名，能激活大脑顶端的皮质层[1]，让大脑低端的丘脑[2]镇静下来。背后的原理是什么？因为当负责认知的大脑区域感知到你的情绪时，会分泌舒缓的神经递质，让更低等的"爬虫脑"[3]镇静下来。因此，承认你的感觉，就能直接改变身体分泌的化学物质。

---

[1] 皮质是大脑的表层，由灰质构成，其主要功能就是交换产出样本，样本点亮丘脑的丘觉产生意识。——译者注

[2] 丘脑是产生意识的核心器官，是大脑皮质下辨认感觉性质、定位和对感觉刺激作出情感反应的一个重要的神经结构。丘脑是感觉传导的接替站，除嗅觉外，各种感觉的传导通路均在丘脑内更换神经元，而后投射到大脑皮层。——译者注

[3] "爬虫脑"又称原始脑，是我们最早进化出来的脑，掌控着我们类似本能的反应。即，让我们对外界环境做出快速反应的大脑区域。爬虫脑让我们对真正、实在和重要的事情有所感受。但是，爬虫脑无法将这些感觉清楚传达给显意识，其重要特色是潜意识。——译者注

通过关联（Connection），
实现治愈，
一切尽在自我掌控。

关　联

所谓关联，指的是产生类似"艾希莉，你并不孤单，即便是在此刻，同样有很多人与你感同身受，他们也同样地难过和恐惧"的想法或做出类似的陈述。当你发现自己与他人之间存在共同的人生经历，然后关联到自己并不孤单的事实，你将自然而然地被安抚。寻求关联和归属感是人类的天性，当我们提醒自己是某个更大群体的一分子时，我们就会得到安抚。

谢利·泰勒（Shelley E. Taylor），是《抚育本能》（*The Tending Instinct*）的作者，她提出了处理应激反应的"互助友好"理论。她观察到人们，尤其是女性，倾向于携手共渡难关。人类大脑的社交关怀回路，在社交场合中会分泌催产素，使我们获得安抚、归属感和支持。提醒自己与他人的关联，有效地激活了大脑的"互助友好"神经网络，这不仅有利于减轻压力，也能让自己感受到充满爱的人际关系。

T

通过友善的自我对话
（Talking kindly），
实现治愈，
一切尽在自我掌控。

友善的自我对话

所谓友善对话，指的是产生类似"艾希莉，你会没事的，你一定能够渡过难关"的想法或做出类似的陈述。研究表明：以第二人称的方式与自己对话，比第一人称更有效且更具安抚的效果。比起自称"我"，运用"你"（或者名字）称呼自己，能够更有效地唤醒大脑的关怀回路，产生更为强烈的自我支持。友善的自我对话，有助于实现"更高层次的自我"，即能够自我安抚并带来舒适感的那部分自我。

在内部家庭系统治疗（基于人格由不同子人格组成的理论）和接纳与承诺疗法的研究中，证实了一个现象：人们进入"自我观察"的阶段时，人格就能够从自我认知思想的旋涡中解放出来。

> **研究表明：运用第二人称'你'与自我进行对话，比运用第一人称'我'，能取得更有效且更具安抚的效果。**

如何实施ACT疗法

当我首次建议辛迪，可以采用自我关怀疗法来帮助摆脱恐慌症发作的焦虑和担心时，她觉得这不是个好主意。辛迪拒绝说："如果我对自己很和善，那我只会表现得更糟糕。我不能再当一个愚蠢懦弱的麻烦精了。"

没错，通过严苛的批评激励自己，是辛迪的习惯，但结果却往往事与愿违。克里斯廷·内夫的自我关怀研究（参考第55页）表明：在我们粗暴地对待自己时，大脑的神经系统实际是处于战斗戒备状态。当感知到攻击时，大脑自然而然地做出应激反应（战斗—逃跑—僵住）。而我们的内心也会自发地抵触凶狠而严苛的自我。相对地，当我们备受鼓舞，得到支持时，大脑就会放松，思维也会更清晰。当我们同情自我，甚至自我关怀时，我们就能够获得宽慰和安抚。

在听取了我关于自我关怀的帮助效果之后，辛迪逐渐接纳了这个疗法。她说："反正结果不可能更糟糕了，不是吗？"下面是辛迪在婚礼前感到压力时，运用ACT疗法的情况。

承认困境。辛迪对自己说："完全控制住恐惧感这个要求太难为你了，你厌恶恐慌症，害怕会搞砸闺蜜的婚礼。这真的，压力山大。"

与共同人性**建立关联**。她告诉自己："辛迪，你不是世界上第一个患有恐慌症，或者害怕恐慌症发作的人。几百年来，这世界上有成千上万的人患有恐慌症。你不是孤军奋战。"

自我**友善对话**。辛迪对自己说："宝贝儿，不管发生什么，你都会没事的。爱你的人会陪着你。你会渡过这个难关。愿你知足常乐。"

那辛迪获得想要的改变了吗？她在婚礼上恐慌症发作了吗？是的，但发作的时间是晚饭时段，不是在婚礼仪式上。辛迪没有抱着"绝对不能发作"这个不切实际的想法。与之相反，她自然而然地开始ACT疗法练习，**承认**当下："辛迪，你很痛苦，这确实很难受。"然后与其他人的境况建立**关联**，并安慰和提醒自己："很多人都有恐慌症，你不是孤军奋战。"她放弃了认为自己是失败者的想法，转而和自己**友善对话**："你会没事的，你很坚强，你会渡过难关的。"

对辛迪来说，那是一个全面获胜的夜晚，虽然恐慌症短暂地发作了，但她的状态调整得很好，焦虑只持续了几分钟，没有像往常那样持续半个晚上。她与自我以及焦虑的关系有所改善，她成为自己的挚友。

婚礼后一周，辛迪走进我的治疗室，脸上挂着笑容，激动地脱口而出："我从没想过，自己能够不再为恐慌症的发作而感到恐慌。"

她继续说："在接受您的治疗之前，我肯定熬不到婚礼的晚宴开始，我肯定还是个废物。但我真的没想到，我的状态那么好并且坚持了整个晚上，没有中途离席。"

她咧着嘴笑："你猜，后面发生了什么？我竟然抢到了婚礼捧花！"

负隅顽抗

抗拒是一场战斗，你的对手会消耗你的精力，夺走你内心的平静。辛迪第一次来咨询的时候，就陷入了负隅顽抗的旋涡，不能自拔。她厌恶恐慌症，竭尽全力想要摆脱它。她无法想象自己能调节好焦虑，并坚定地要求："恐慌症绝对不能发作！"

当我们陷入抗拒（幻想事情不是这样的）的时候，我们会固执而拧巴，封闭自我的心灵并疯狂又偏激地抨击现实。而想要对这种经历，对抗拒的本质产生同理心，就意味着需要切换到顺应的模式。我们要放弃改变抗拒或使其消失的无用尝试，并选择接纳它的存在，就是认清现实。当我们的心灵放松了，令人惊讶的是，抗拒的意愿也会随之降低。

你可以将抗拒视为躲在衣橱里畏畏缩缩的孩子。当你温柔地感知这些抗拒，尊重他们的恐惧，给予同情，他们会感受到你的关注和接纳。当你拥抱他们，他们会感到安全，并进而放松自己。当你与内心的恐惧，与那个胆小的孩子建立一种融合感，那么抗拒便不复存在了。当你叹息着说，是的，有人懂了，你的心扉就敞开了。

我们都在尝试用自己独特的方式去保护自己、减轻痛苦。我们每个人都在书写自己独特的人生故事，都有不同的思考方式，应对人生的不同方法。因此，自我关怀和接纳一样，都是创造性的过程，是一种艺术，各有千秋，独具一格。

66自我关怀和接纳一样，
都是创造性的过程，是一种艺术，
各有千秋，独具一格。99

与己为友，风雨同舟

关怀源自我们内心关爱他人的能力。自我关怀，则是将爱的目标转向自我的内心。借此"你"成为理解个人痛楚并知道如何去抚平的情感来源。

随着时间的推移，持续的自我关怀练习，将使你变得更加坚强，并潜移默化成为一种习惯。当你减少抗拒、放弃抗拒，学会自我鼓舞时，你的心胸会更宽阔，能够更自在地顺应周围的世界。

假设你因为堵车快要迟到了，并且知道老板会因为你的再次迟到而给你穿小鞋。你的第一反应可能是抗拒——不，这事儿不能发生，我不能迟到，迟到会让我惹上大麻烦。你可能会因此而恼怒地捶打方向盘。抗拒带来的愤怒席卷全身，你会因为激动和愤怒而面红耳赤。这些反应都说得通，因为这是你在遭遇困境时自然的应激反应。

在这个节骨眼儿上，你可以进行ACT**疗法**练习，这是实现自我关怀的秘诀。首先，要**承认**自己的困境（"你的处境很糟糕，真的很艰难"），其次，与处在类似境况的其他人建立**关联**（"并不是只有你一个人堵车；我们都在堵车；生活中，堵车司空见惯"），最后，**进行友善的自我对话**，用爱拥抱自己（"你会没事的；一切都很好；都会过去的"）。在进行自我关怀时，实际上你清空了消极情绪。你的肌肉会放松，心率也会下降。你不会感觉那么孤单。抗拒情绪的减少，能够释放你的心灵，允许你认同当前的现实。

你会意识到，没错，你正遭遇堵车，车流如潮、水泄不通。你能够放松下来，放弃战斗。随着负面情绪的消解，你的内心世界会更广阔，也会创造更多可能："现在，在这种情况下，我能做些什么？"你可以听听音乐，给朋友打个电话（当然是免提模式）或听听有声书，或者只是享受片刻的宁静。你获得了选择的余地。

这是不是很神奇？自我关怀将痛苦转化为爱、关联、支持和活在当下的感觉。就算无法改变环境，至少我们可以改变自己的态度。在这种情况下，压力和挫折带来的是接纳和平和。

通过自我关怀，我们成为解决方案的一部分，而不是问题的放大器。

客 栈

人就像一所客栈，
每个早晨都有新的客旅光临。

"欢愉""沮丧""卑鄙"，
这些不速之客，
随时都有可能会登门。

欢迎并且礼遇他们！
即使他们是一群惹人厌的家伙，
即使他们横扫过你的客栈，
搬光你的家具，
仍然，仍然要善待他们。
因为他们每一个都有可能为你除旧布新，
带进新的快乐。

不管来者是"恶毒""羞惭"还是"怨怼"，
你都当站在门口，笑脸相迎，
邀他们入内。

对任何来客都要心存感念，
因为他们每一个都是另一世界
派来指引你的向导。

鲁 米

（梁永安译）

如何学会自我关怀

不幸的是，我们大多数人，在成长的过程中，并没有学会善待自我。相反，我们习惯于自我批判，甚至是自我否定，我们的脑海中经常有一个声音告诉自己：我们在某些方面是无能的、有缺陷的。幸运的是，ACT疗法练习是可以习得的技能，而自我关怀是所有人天生具备的能力。更让人兴奋的是，ACT疗法练习和自我关怀是让你摆脱自我否定的一剂良药。

自我关怀也许是一个创造性的过程，但它并不神秘。ACT疗法练习是充分调动同情心的框架。它能激活大脑中的关怀回路，这能够抚平你的痛苦，让你感到不再孤独，并实现自我慰藉。**当自我关怀变得越来越自然时，你会开始相信自己，能够与己为友，风雨同舟。**

ACT疗法是能够帮助减轻抗拒心理的有效方法，此外还有其他方法可以激活这种全新的、更温和的体验。例如，我们可以试着接受他人的关怀，并给予他人关怀。事实证明，这个方法对我的病人邓肯（Duncan）很有帮助。

神经科学家理查德·戴维森（Richard Davidson）观察到，自我关怀是科学界已知的、能够最有效改变大脑的一个方法。

邓肯在妻子洛林（Lorraine）提出离婚后来寻求我的帮助。洛林的离婚诉求令邓肯心烦意乱，他恳求她一起去接受治疗。但她表示这没有意义，因为她已经铁了心要离婚。她已经和律师谈过了，并且告诉邓肯：他需要接受现实。

我第一次和邓肯交谈时，他全身心都在抵触离婚的可能性。他反复强调自己有办法挽回妻子的心，并表示不相信妻子真的想离婚。邓肯缓解痛苦的方式，是拒绝相信离婚已成既定事实，并全身心地抗拒这一事实。

年龄都在55岁左右的邓肯和洛林已经结婚11年了，但没有生育孩子。邓肯和洛林都是二婚，他们一起住在洛林的房子里。据邓肯所说，洛林已经要求他搬离自己的房子，但他拒绝了。

我安静地聆听邓肯诉说自己的不幸遭遇："我知道我们不是天作之合，但我从来没想过她会想要离婚。我真的没想到。"然而，他怀疑妻子洛林有外遇。就连他自己，也在5年前有过短暂的外遇。

几天过去了，几周过去了，邓肯还在继续抗拒。尽管洛林多次提出要求，他还是拒绝搬走，也不配合离婚的法律程序。我很想直截了当地告诉邓肯，"你得接受事实"！此时，我脑海中浮现这样的画面：1987年电影《月色撩人》（*Moonstruck*）中，男主角告诉女主角"我爱你"后，心生不悦的女主角扇了男主角一巴掌，并告诉他"不要痴心妄想"。剧中的男主角由尼古拉斯·凯奇（Nicolas Cage）饰演，女主角由歌手兼演员雪儿（Cher）饰演。

但实际上我说的是："发现自己的妻子事实上根本不想嫁给你，这对你来说肯定很难受，也很痛苦。"邓肯听得热泪盈眶。他低下了头，承认自己的悲伤和羞愧。他说："我简直一事无成，离婚真的伤透了我的心。"

掌控了内心的真实情绪，承认了负面的情绪并将其表述出来，邓肯终于迈出了ACT疗法练习的第一步。我引导邓肯进入下一阶段，对他说："这太痛苦了。但你并不孤单。成千上万的人也在经历一样的离婚危机，你只是其中的一个，他们所有人都能够懂你的这种痛苦。"

邓肯的词典里没有"关怀"这个词，他在艰苦的环境下长大。在那种环境下，软弱就会被利用，脆弱就会被嘲笑，任何的温情都应该被怀疑。如果是以前的他，敞开心扉会让他感到奇怪和没有安全感。但在与我进行友善对话的时刻，他能够接纳来自他人的关怀。

我继续说："邓肯，你会挺过去的。"

他唉声叹气地说："但是，如果我同意离婚，就得承认我多么失败。作为一个男人，我简直一文不值，还会孤独终老。"

我问他是否愿意在接纳和给予同情方面，尝试一种具象化的方法。因为他曾告诉过我，自我关怀练习听上去很软弱，就像是让自己逃避责任，或把自己当作一个婴儿。但他表示愿意尝试具象化的方法。

激发自我关怀：具象化方法

一开始如果觉得直接的自我关怀太困难，可以尝试一下"接受别人的关怀"和/或"关怀别人"，这种间接的体验很有帮助。

我让邓肯闭上眼睛，看看他能否回忆起曾让他感受到温情的某个人或某种动物的形象。他想起了爱他的祖母，将他从原生家庭的混乱中解救出来的人。当他想象祖母就站在面前，满怀爱意地看着他微笑时，他的身体显而易见地放松了。他在这个画面里停留了一段时间，想象自己和祖母一起烤饼干、一起大笑。他感受到了来自祖母的爱，并且接纳了她的关怀。

具象化的下一个步骤，是请邓肯回忆让他可以单纯和温柔地去爱某个人或某种动物的形象。他面带微笑地回忆起了童年时的狗。我让他想象一下把爱的能量传递给那个毛茸茸的小伙伴。邓肯的面部表情瞬间柔和，呼吸也放缓了。我请他每天花几分钟想象这两个画面。

一周的练习之后，邓肯终于开始对ACT疗法练习产生了兴趣，愿意做个尝试。我帮他构思了这些简单的ACT疗法的话语：**承认**——"邓肯，你很痛苦"，**关联**——"邓肯，你和其他被迫离婚的人士同在"，**友善对话**——"邓肯，你会没事的，你是个熬过痛苦境地的爷们"。他同意每天花几分钟练习这些为他量身定做的ACT疗法的话语。这对邓肯来说只是一个开始，但它必将带来更大的转变。他遭遇的痛苦亦是一个机遇，一个让他找到自我安慰的良机。

" 痛苦亦是良机。"

开始治愈

又过了一周之后，邓肯告诉我，他准备接受离婚。哇，终于接受现实了！我想。虽然这对邓肯来说是可悲的，但这也是情感的解放。这是几周来的第一次，他的愤怒和反抗消失了。他可以开始治愈了。

邓肯后来怎么样了？有几件值得一提的事儿。首先，他很平静。虽然依然悲痛，但内心的争斗已经结束了。其次，成为自己的朋友后，他少了些孤独，多了些勇敢。最后，承认自己的悲伤后，他能够敞开心扉，接纳他人的安慰和关怀。这就是自我关怀的高明之处：它不是让你变得更软弱，而是让你变得更强大、更善于接受、更有弹性。让你能够直面困境，因为你已经成为自己最坚强的后盾。这个过程涉及微妙的转变：从关注痛苦，到感觉得到支持。这个转变本身，就是在治愈。

邓肯的自我关怀也给了他一种感觉——未来会变好。化解内心的对立、调和斗争后，他可以继续生活。即使仍暂时处于深不见底的悲伤中，但他的世界却变得更加广阔，并能看到无限的可能性。

结束最后一次疗程的一年之后，我再次收到了邓肯的消息。他打电话来告诉我自己的境况。我的治疗，只是客户们人生旅程的一小段，所以我总是很高兴听到他们后续的人生故事。他告诉我，从洛林的家搬出去后，他们正式离婚了。他培养了跑步的新爱好，并在当地的跑步俱乐部里，遇到了新女友。他想感谢我教他学会了自我关怀和接纳。他现在的生活中少了很多抗拒，多了不少平静。他希望这是新恋情的好兆头。我想邓肯一定能够如愿以偿的。

一切在你

接纳就是首先关注自己，然后用一颗开放的心，迎接新的生活。自我关怀，本质上是更深层次的接纳。当你开始宽慰自己，你就准备好了接纳他人和接纳其他境遇。但这一切都是从学习如何与己为友开始的。

赋能技巧

核心技巧：ACT疗法练习

这一核心练习对于培养自我关怀的技能至关重要。它将成为贯穿本书所有内容的核心技巧，成为实现接纳的契机。从微小的烦恼到巨大的痛苦，所有的一切都会是练习ACT疗法的技能的机遇。

承认自己的痛苦和遭遇。

联结有着共同经历的他人。

与自己友善对话。

在进行ACT疗法练习时，不要忘了用第二人称与自己交谈。例如，"哦，（你的名字），我知道这对你来说很难。你不是唯一有这种感觉的人。你会变好的，亲。没事的"。要有意识地使用温暖舒缓的语气，这能够强化ACT疗法练习的效果。

要知道，每个人都有宽慰自己的能力。研究表明，运用温柔的姿势，能进一步激活大脑的关怀回路，并强化得到他人支持的感觉。以此为据，添加以下一个或多个最让你感到安慰的自我关怀姿势：

双手交叉放在胸前，左右交替拍

拥抱自己

轻轻搓揉自己的手臂

一只手放在胸前，一只手放在腹部

一只手握着另一只手，再用拇指摩擦手腕

一只手放在额头上，另一只手放在后脑勺上

双手捧着脸轻揉

单手或双手放到心上

单手放在胸骨上

附加技巧 1："接受关怀"的想象练习

闭上你的眼睛，想象你爱的人、动物，或可以给你爱、关怀和接纳的精神人物。从他们的角度看自己。你可能会选择一些充满爱的人物，比如特蕾莎修女、圣母玛利亚、克里希那、耶稣、佛陀、佛教女神观音、你的祖父母、老师或你的第一只宠物。想象他们慈爱地看着你，充满怜惜地和你说话。想象他们给予你温暖、爱和怜惜，甚至是一个拥抱。戴上他们的"眼镜"，从他们的角度看待和对待自己。

此刻内心的感受如何？请深呼吸。

附加技巧2:"传达关怀"的想象练习

闭上你的眼睛,想象你对一个需要帮助的人或动物给予关怀。他/她可能是一个孩子,也可能是你过去认识的人,无关生死。你也可以想象对象是一只小猫或小狗,它看起来迷了路,浑身湿漉漉的,很害怕。想象一下给他们温暖、爱、关怀和温柔。

看到他们的时候,你有什么感觉?你能向他们传达温情吗?你将如何进行安抚?想象自己给他们一个拥抱、安慰、善意。此刻内心的感觉如何?请深呼吸。

66 一个有趣的悖论是，
只有当我全然接受自己的时候，
我才能改变自己。**99**

卡尔·罗杰斯

第 3 章

接纳自己

克劳德·安信·汤玛斯（Claude Anshin Thomas）18岁时作为美国军人，志愿参加了越南战争。他踊跃参战，并荣获了许多勋章，其中就有"紫心勋章"。然而，战后他却饱受折磨。他患上了创伤后应激障碍，觉得自己一无是处，内心充满了失落感和罪恶感，他痛恨自己在战争中造成的破坏。于是，他开始通过吸毒、酗酒来麻痹自己。

颓唐数年后，克劳德在一次寻求疗愈和内心安宁的禅修中，遇到了一行禅师（Thich Nhat Hahn），并从禅师那里学会了关怀和接纳。一行禅师邀请克劳德去自己的正念静修中心——法国梅村（Plum Village），并将他安置在梅村下村（Lower Hamlet），那里有非常多的越南人。克劳德感到紧张、恐惧，不知道曾经的敌人是否会接纳自己。于是，他决定驻扎在距离下村约400米远的树林里，搭起了一顶帐篷，并在帐篷周围布置了陷阱。因为即使过了这么久，他还是不能确定谁是敌人、谁是朋友。

在自传《正念战役》（*At Hell's Gate*）中，克劳德描述了无条件接纳的经历如何改变了自己。他提到，当他告诉真空法师（Sister Chan Khong），自己在帐篷周围布置了陷阱时，真空法师完全能接受他的做法。法师告诉他，如果他想要陷阱的保护，就可以设置陷阱；如果他想要拆除陷阱，也可以这么做，一切由他自己决定。克劳德以前从来没有经历过这种程度的无条件接纳。

下村的越南人民很喜欢克劳德，还为他的治疗提供帮助。他们接纳了克劳德的过去，接纳了克劳德，接纳了他本来的样子。接纳在克劳德的治疗过程中起到了至关重要的作用。因为越南人民发自内心的接纳，克劳德才能够将接纳内化于心，从而接纳自己。多年后，他自己也成了一名禅宗僧侣。

被接纳——强大的疗愈力量

心理治疗之所以能给人们带来如此强大的疗愈体验，其中一个主要原因是，治疗师为来访者提供了一个无条件接纳的环境。正如克劳德与越南朋友之间存在的无条件接纳关系，本身就是一种接纳和疗愈的媒介。

曾有一位客户告诉我："好了，现在你已经知道了我所有的不堪。你准备抨击我了吗？"我告诉她，我并没有把她的秘密和弱点视为不堪，而是当作她丰富人生经历的重要组成部分，无论她向我倾诉什么，我都会静静聆听，这令她感到很是酸楚。心理治疗室在很多方面，就像一个现代的忏悔室。在那里我经常听到我的来访者倾诉他们不敢告诉别人的事情，我把他们的秘密放在一个安全的"容器"里，并让他们知道我接纳他们的感受，接纳他们本来的样子。像克劳德·安信·汤玛斯一样被他人接纳后，许多人的内心也同样随之转变，开始接纳自己。

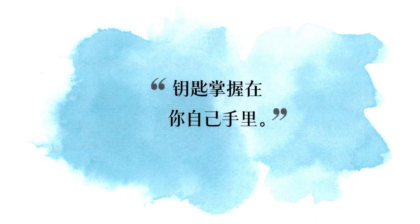

> **" 钥匙掌握在**
> **你自己手里。"**

好消息是，你不需要通过心理治疗或前往正念静修中心寻求自我接纳，因为打开自我接纳大门的钥匙，就掌握在你自己手里。实际上，我治疗的很多患者，自己寻找和体验到了自我接纳——我只是播下了种子。当你阅读这本书时，你也播下了一颗打开全新的与自己相处的方式的种子。你将学会安慰自己、理解自己、接纳自己。你将学会如何做到这一点——**从你开始，为你而做。**

接纳自己在任何特定时刻的感受，就是个不错的起点。

开启自我接纳之旅

弗兰克（Frank）怒气冲冲地走进我的治疗室，猛地坐下，大声说："我的问题是这些该死的眼泪。我天天哭，我受够了，我讨厌这样。你得帮我止住眼泪。"

87岁的弗兰克，自他心爱的妻子夏琳（Charlene）去世，就断断续续地来找我治疗，已经7年了。他们曾有过一段真正史诗般的爱情——一段长达30年的浪漫史，他们俩堪比好莱坞电影和意大利歌剧中的灵魂伴侣。没有了夏琳，他就像丢了魂一般。

弗兰克和夏琳在中年相遇。他们一见钟情，自此便如胶似漆，形影不离。因为夏琳比他小8岁，弗兰克认为她肯定会比自己长寿。因此，当夏琳被诊断为癌症四期（癌症晚期），不久后便去世时，所有人都震惊了。

当然，我从未见过夏琳，但我感觉自己好像认识她。因为弗兰克讲述了一个又一个关于她的故事，或是她慷慨大方的性格，或是她善良可爱的神情。她的爱使弗兰克成为更好的自己。

在治疗的过程中，分担弗兰克的悲痛已经成为常态，我能够体会他的悲伤，并希望他明白，他和夏琳的伟大爱情是他的一部分，这一点永远不会改变。夏琳的逝去，并不意味着他们关系的结束。恰恰相反，她每时每刻都和他在一起。

尽管伤心欲绝，弗兰克还是重新投入到生活中。他继续旅行，继续扬帆驾舟，继续与众多珍爱的儿孙们共度时光。但他每次来找我做治疗时，都会摇头叹息："我还有没有机会从失去夏琳的阴影中走出来？"我告诉他："你永远都不会忘记失去爱人，但你要学会在无尽的失落和无尽的爱意的伴随中，度过生命的每一天。"

在这个特殊的早晨，弗兰克发现实在难以控制自己的情绪，于是恳求我帮他摆脱每天都落泪的状态。接纳的魔力，总是需要从承认自己真实的感受开始。我运用了 ACT 疗法的对话模式（详见第 2 章）和口吻轻声说："（承认）弗兰克，你不喜欢流泪。你为失去夏琳和对失去挚爱的表达而饱受折磨。（关联）人类历史上有千千万万的人像你一样，经历了痛失所爱的悲伤。（友善对话）弗兰克，你虽然生活在无尽的失落中，但你会好起来的。你的眼泪向自己和他人证明：在这个世界上，拥有纯洁而慷慨的爱，是多么幸福的一件事。你的眼泪表达了你对夏琳的爱，眼泪让你离她更近了。"

他看上去有点羞怯，说："我从来没有从这个角度理解过我的眼泪。这么一说，流泪好像也不是什么坏事。"他对眼泪的抗拒在逐渐减弱。

再见到弗兰克时，他告诉我，他不再抗拒眼泪了。他欣然接受了眼泪，因为这是他与夏琳联系的标志。他的悲伤也减轻了，因为他意识到，虽然他痛失了挚爱，但他曾拥有过最伟大的爱情，并仍时刻感怀与铭记。

自我厌恶的文化流行病

我们厌恶的，往往不仅是自己的感受和症状，还有我们自己。1990年，在印度达兰萨拉举行的会议上，西方哲学家、心理学家、科学家、冥想者与学识渊博的佛教僧侣，就心灵和灵魂的问题进行了交流。在问答期间，冥想老师莎朗·莎兹伯格（Sharon Salzberg）问僧侣："您对自我厌恶有何看法？"僧侣惊愕地转过身去与译员商量，一次又一次地要求给出他可理解的翻译。

最后，他转过身来，对着莎朗，侧着头用英语问："自我厌恶？那是什么？"

参会的其他人接着跟他解释，自我厌恶是西方各界人士的共同感受。僧侣对自己眼中的这种奇怪而不必要的现象真的很好奇。在讨论结束时，他说："我本以为我十分了解心灵，但现在看来我相当无知。我觉得自我厌恶这种现象，非常、非常奇怪。"

生活在西方文化背景下的大多数人，都经历过某种形式的"自我厌恶"。事实证明，人类的大脑存在一种消极偏见的通路，这种进化而来的倾向，会刻意搜索、发现并记住我们所处环境的危险特征。这个特征帮助我们的祖先生存下来。然而，西方文化中的个人主义和竞争精神，使我们倾向于聚焦自身的消极面，导致自我厌恶成为一种流行病。

对很多人来说，消极的倾向，会引起苛刻的自我批评。

时时刻刻，这个否定自我的声音在向我们低语：你不够好，你以为你是谁，你不就是一个失败者吗？或者你不够聪明，大家都知道你故作聪明。几乎每个人都经历过某种形式的自我批判：羞辱自己、否定自己、贬低自己，或是低声嘲讽，或是破口大骂。

如果你跟大多数人一样，无论是在什么年纪、拥有什么学历、有多少财富、是男性或女性，你都将经历这种错误而又黑暗的恐惧，认为自己不够好。讽刺的是，尽管这是一种大多数人都有的经历，**但每个人都觉得只有自己会自我贬低。**

我的脑海中能够勾勒出一幅蒙太奇式的画面。所有坐在我对面沙发上的客户——年复一年，甚至长达几十年——都告诉我同一件事："我还不够好。"40岁的苗条女士，嫌自己不够瘦；60岁的女士，抱怨自己不够年轻；善良的老人告诉我他觉得自己像个白痴；丰腴迷人的女子，告诉我她讨厌自己的身体；帅气的年轻男子，向我透露他害怕看着镜子里的自己。

心灵导师、《全然接受》（*Radical Acceptance*）的作者塔拉·布莱克（Tara Brach）将这种自我批判称为"全盘否定自我价值的迷思"。我们每个人都有这种认为自己没有价值的倾向——觉得自己不讨人喜欢、没有吸引力、不可爱、不聪明、不够好。塔拉表示，我们大多数人，都生活在一个错误的假设之下，认为我们身上存在可怕的错误，存在可耻的地方，从而导致我们对自己残忍无情。

改变与自我的关系

在2018年的俏皮喜剧电影《超大号美人》（*I Feel Pretty*）中，艾米·舒默（Amy Schumer）饰演的蕾妮（Renee）是一个相貌平平、缺乏安全感的女孩，她深陷自我厌恶不可自拔。她唯一的愿望就是变成大美人，因为她觉得这是通往幸福生活的神奇入口。蕾妮在一次健身课上意外磕到头部后，她突然觉得自己无论是身材还是相貌，都变得无可挑剔（尽管在别人看来她的外表没有任何改变）。由于对自己看法的改变，她的整个世界都发生了变化。随之，她的自信、生活方式以及有感染力的热情，得到了他人的回应。

在影片的最后，蕾妮眨眼间又看到了"真实的"自己。起初，她为自己不再"美丽"而感到害怕。但随后她发现，原来自己根本就没有真正地改变过，至少在身体上没有改变。不过她也意识到，当她深信自己跟模特一样漂亮时，她自信的言行，事实上极具吸引力。她终于明白，美丽就是爱自己、接纳自己"本来的样子"，并为自己是蕾妮而感到自豪。她的美是由内而外的，与身材无关。因此，她意识到了自我接纳的力量和魅力。

这部迷人的电影传达了一个强有力的信息，即"自爱是推动改变的主导力量"。这看起来似乎很矛盾，但事实的确如此。这并不是说接纳自我的目的就是改变，而是指在接纳自己的同时，创造了改变的空间。

因相信自己的美丽，蕾妮变得自信，而莱娅·伊曼纽尔（Leia Immanuel）因袒露了传统意义上的不美而变得自信。莱娅是一位青少年社交媒体名人，她在发布了痘痘的自拍照后，吸引了超过10万名粉丝。她决定开始分享自己身体的"丑陋"部位，结果引起了全球青少年的共鸣。自我接纳来自分享未经粉饰的事实，推崇被隐藏的美丽。美不仅在观者的眼中，也在那些被观者的眼中。

自我关怀是指允许一部分的自我，向另一部分因错误的引导而陷入自我批判和负面状态的自我，提供爱的善意。自我关怀并不意味着摆脱或改变这个自我否定的部分（尽管改变可能会发生），而是要关注这个部分。在处理自我批判部分时，ACT疗法提供了一种温和的与自我相处的方式，让更高层次的自我，将自己提升至全新的层次。

当你给予自己关怀时，ACT疗法可能听起来是这样的：**承认**——"这个想法真刻薄。受到如此苛刻的评判是痛苦的。你真的很难受。"**关联**——"你不是唯一有这种想法的人。每个人都有消极的想法。觉得自己不够好是一种共同的感受。"**友善对话**——"你已经尽力了。你现在这样挺好的。你是独一无二的存在。"

ACT疗法能弱化内在的抵抗力，让各个方面的自我都接受现实。通过经常练习，自我关怀会成为一种习惯，形成一条新的大脑通路，让你获得内心平静，为自爱创造新的神经通路。

" 如果有什么东西是神圣的，
那就是人体。"

沃尔特·惠特曼

学以致用——ACT疗法的实践

苏珊娜（Susanna）是一位42岁的女性，她一生都在与体重作斗争。第一次来找我时，她正在抗击抑郁症。她发现自己很难去工作，去照顾孩子，甚至难以起床。

苏珊娜想减掉23公斤的体重。她坚信如果能减掉这么多体重，她就会爱上自己，并收获更美好的生活。然而，她尝试了很多不同的减肥计划，都没有效果。因为不能坚持节食，她更加讨厌自己。

她越自责，就吃得越多——然后又痛恨自己吃得多。你可以想象，一个讨厌自己的人，可能会用多么自我毁灭的方式来惩罚自己。苏珊娜的抗拒，导致她深陷绝望和痛苦的旋涡，并蔓延到了生活的各个方面。

所有这些抗拒都表明：苏珊娜厌倦了与自己一辈子的斗争。她想感受到自己的可爱，想与自己和平相处。但千里之行，始于足下，对苏珊娜来说，改变的起点就是，认识到她真实的自我厌恶感。通过 ACT 疗法的自我关怀练习，苏珊娜从关注并尊重自己的痛苦和折磨开始。她与自己进行了下面的对话：

承认——"苏珊娜，我注意到你摸自己的肚子时感到很恶心。唉，你讨厌自己的身体，希望它和现在不一样，这样真是太难受了。"**关联——**"你并不是唯一一个觉得自己身体很糟糕的人。很多女性都在为自己的体重而苦恼。"**友善对话——**"你应该获得快乐。我会陪在你身边。你可以拥有不同的感受。或许还有其他看待自己的方式。苏珊娜，我爱你本来的样子。你比你的体重更重要。"

在苏珊娜开始进行这种日常的内心对话后，她对自己的态度变得豁达了一些。从自我攻击到自我支持，从感觉痛苦到感觉良好，在这个过程中，她对自己的看法有了一个温和的转变，情绪也获得了积极的变化。与此同时，我们努力让她学会感激自己的身体提供的所有服务——她的双腿让她能在世界上行走；她的双眼让她能看得见；她的双手让她能够打字；她手臂上的伤口能奇迹般地愈合。她开始把自己的身体看作一个设计完美、灵活有用，甚至堪称神奇的容器。

随着时间的推移，苏珊娜发生了积极的变化。在她反复承认自己的痛苦，意识到对身体厌恶的情绪在他人身上同样普遍存在，并能够与自己友好地交谈之后，她接受了自己的现实，内心也更为平静了。当她开始从不同的角度看待自己，她对待生活的方式也开始有所变化。可想而知，一个人热爱自己，必然会尊重自己、关怀自己。她的生活氛围也因此渐渐改变了。

自我关怀和自我接纳，是相互交织的创造过程，它需要时间且效果会自我累积。就像你不会吃了一顿饭之后觉得，太好了，我再也不用吃饭了；也不会锻炼了一次身体就觉得，耶，我生活真健康；你也不会指望简单地对自己说一句友好的话，就能够消除消极的想法。自我关怀的实践，是实现自我接纳的关键，需要反复练习。这不仅是一种看待自我的新方式，更是一种与自己相处的新方式。

循序渐进，保持规律

神经科学的研究表明，大脑结构会因重复而发生变化。对神经可塑性的研究表明，大脑在人生各个阶段都可以改变，而重复是改变大脑的前提。改变大脑的另一种方法，是问自己一个问题："我真正想要精通什么？"例如，如果你重复批评性自我对话的习惯，你就会尤为擅长自我厌恶；如果你重复愤怒回应的习惯，你就会变得很有攻击性——但如果能真正善于自我关怀，不是更好吗？

心理学教授肖娜·夏皮罗（Shauna Shapiro）在2017年发表了一场关于"正念的力量"的TEDx热门演讲，她将神经可塑性重新定义为，"会让你内心越来越强大的反复练习"。肖娜想培养关爱自己的习惯。于是，她从小事做起，每天早上对自己说："早上好，肖娜，希望你拥有美好的一天。"而当这个习惯形成之后，她每天早上都会加一句"我爱你，肖娜"。她表示，一开始会感觉很尴尬，但随着时间的推移，她开始接受和认可这些信息。很快，她意识到自己对生活感到更加快乐和满足。因为自我关怀的反复练习，的确会让你内心越来越强大，当你通过自我关怀来反复练习自我接纳时，你会开始将接纳内化于心。

✽ 接纳自己并不意味着不再努力奋进。

✽ 接纳自己意味着爱自己本来的样子。

许多不完美的方面，构成一个完美的自我

如果你仍然觉得你不值得被爱——或者至少你某些方面是不可爱的，会怎么样？如果你过去做过不好的事情，又会怎么样？我们的现在总是带有过去的印记，就像树皮上的年轮一样。树木每一年都会以同心圆的方式从树芯向外生长。虽然有些年轮因长期的干旱、洪水或漫长的寒冬而无法形成完美的圆圈，但每一个年轮都是树木整体的一个部分，它们年复一年地以越来越强大的力量，支撑着树木向上生长。就像年轮一样，我们过去的自己和经历都是我们的一部分。当我们承认每一个完美或不完美的部分，都是今天的自我不可或缺的构成部分时，我们就会感到充实和完整。

还记得克劳德吗？当他感觉自己被越南人民接纳时，他就接纳了自己。克劳德不得不与自己杀害了无辜生命的事实进行斗争。他不得不接受，他既是一名军人，也是一个寻求康复的瘾君子。但他也是一个父亲、一个儿子、一个小男孩、一个吉他手和一个灵性追求者。他是所有这些自我碎片的集合体。当他能够接纳并将这些独立的部分融入到整个自我中时，他体验到了疗愈的力量。他说："只有将所有这些自我带到当下，我才能更充分地参与我的生活……我真希望我没有杀过人，但我的确杀过。而否定这一点，就是否定我自己，否定我所做的一切。"

❝ 就像年轮一样，我们过去的自己和
经历都是我们的一部分。❞

与各个部分的自我进行交流

每个人都是由不同的方面、层次和部分构成的多面体——有自我批评的一面、吹毛求疵的一面；有不善良的一面、善良的一面；时而像受伤的孩子，时而像睿智的长者；时而是体贴的心灵，时而是自私的小子，时而是无私的天使。内部家庭系统治疗的创始人理查德·施沃茨（Richard C Schwartz）（见第61页）解释说，我们的内心世界，可以理解为是由多个部分组成的，在学会与各个部分进行交流时，我们每个人都可以学会理解自己。前提是，我们内心所有各不相同的部分，都在尽其所能保护我们的安全……甚至是那些看起来令我们受伤的部分。

在施沃茨的自我观点中，我们身上的每个部分，都希望被接纳、被理解、被欣赏。因此，我们的目标不是要消除这些部分，而是要理解和拥抱每个部分。有时，这意味着要求某些自我批判的部分暂时让步。例如，一个高度批判的声音，可能是在试图保护你，以免受伤害。这种自我批判的部分可能认为，如果它让你觉得自己渺小，你就会小心谨慎，不会冒任何情感层面的风险，从而避免受到伤害。虽然在童年的艰难岁月中，许多自我批判的部分都发挥了至关重要的作用，但在成年生活中，它们往往不再被需要。所以，你可以对那个自我否定的部分说："我能处理好。你不需要担心，也不用试图保护我。无论怎样，我都会没事的，所以你可以放松一下，休息一段时间。"

　　瑞克（Rick）是位48岁的男士，我们见面时，他正在与易怒情绪作斗争。他以前从未接受过治疗，甚至依然高度怀疑治疗的效果。但老板威胁他，如果他不接受愤怒管理的治疗，就要开除他。因此，迫于压力，他前来找我接受诊疗。

　　瑞克对自我关怀并不是特别感兴趣，还觉得听起来相当不靠谱。如果感到情绪激动或愤怒，他相信他会"狠狠教训自己"。但是，他愿意尝试正念冥想，因为他觉得这听起来还算科学。经过大约一个月的正念冥想训练之后，他能够更自在地剖析自己的内心世界，因此能够正视自己"愤怒的想法"并减少对其的关注。

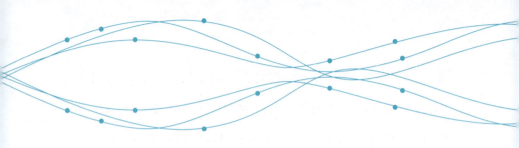

　　当我向他阐述人的不同部分时，瑞克瞬间理解了这个概念，并下意识地知道自己有愤怒的一面、有害怕的一面、有吹毛求疵的一面，既是一位疼爱女儿的父亲，也是一个有责任心的丈夫，还是一个喜欢自我批判的人。但是，愤怒的部分理所当然地掌握了大部分的话语权。

　　有一天，他主动闭上眼睛，让我引导他进行具象化练习。我让他把所有"部分"聚集在一起，开一个小组会议。他选择了治疗室的桌子作为各个部分开会的场所。我们一个接一个地邀请不同的部分坐到桌旁，瑞克介绍了每个部分是什么，以及它们分别在他的生活中起到了什么作用。

　　"愤怒的部分不想坐在桌子旁。它非常生气。"瑞克说，他的呼吸开始加快。

　　"它多少岁？"我轻声问。

　　"它大概8岁。"瑞克轻声回答。

"你能不能告诉它：只要它觉得舒服，待在哪儿都可以，"我提示道，"它感到安全吗？"

瑞克仍然闭着眼睛，眼泪顺着脸颊流了下来。"它就是这样，"他说，"那个小家伙从来没有安全感。"

会议开始时，瑞克用成熟部分的爱，去抚慰愤怒的8岁小男孩。实际上，这个小男孩曾被酗酒的母亲虐待过，因此小小年纪就知道这个世界并不是特别安全。这次会议获得了重大的突破。

在那之后，瑞克能更敞开心扉地接受自我关怀，认为它是一种安慰自己的方式。他将其理解为"自己的一部分对另一部分好"。当他内心意识到，自己在这个世界上相当安全，并可以成为自己最好的朋友时，他的愤怒开始消散。因此，他在工作时发怒的次数减少了，成为一个更好相处的员工。

将接纳提升至新境界

接纳自己是一个不断变化的过程，是一段与自我的独一无二的关系。你可以在任何一个充满热情的地方，体验到这种不断发展的关系——从礼貌的点头，到友好的握手，再到爱的拥抱。迈向更高的层次，强化从"良性的允许"到"极致的自爱"过程的一个方法，就是让自己敞开心扉，从内心开始转变。

试着把自己看成一个更大的整体中"被爱的"一部分。在人类历史的这一刻，你就是一个独一无二的存在。你就像雪花一样独一无二，不可替代。从来没有，也永远不会再有一个和此刻的你一模一样的人。你是特别的、神圣的——作为自然界中的一个重要存在，在这个时刻，你是被爱的。

这种看法的转变，本质上是一种精神体验。当你开始认同自己是人体中的精神实体时，你会体验到，自己是更伟大的东西，更高的力量，更伟大的精神抑或其他更伟大存在的一部分。无论这个更高的力量的名字是自然母亲、上帝、精神、佛法、真主、宇宙、至善，还是根本没有名字，被神圣地接纳和被爱的体验，都能给你的生命带来新的意义。

去探索自爱和自我接纳的道路吧，把自己当作一切神圣事物中被爱的一部分。

请记住，今天的你和昨天的你是不同的（人体细胞每7年到10年就会完成一次彻底的更新）。而今天的你也与未来的你不同。我想，未来的你一定会感谢从今天开始自我接纳之旅的你。

一旦你增强了自我接纳的"肌肉"，你就会创造出接纳一切事物的强大动力。

赋能技巧

核心技巧：时间旅行练习

看着一张自己小时候的照片。想一想小时候的你是什么样的，成长中的你是什么样的。闭上眼睛，想象现在的自己就站在小时候的自己面前。现在的你，想对小时候的你说什么？你能拥抱小时候的你吗？你能告诉小时候的你，长大后的世界是怎样的吗？小时候的你，有什么话要对现在的你说吗？即使在今天，小时候的你也是你的一部分。

附加技巧1：镜子练习

　　早晚照镜子时，请把注意力放在你的眼睛上。（不要在意皱纹、痣、雀斑。）带着直视内心的意图，看着自己的眼睛，对自己说："嘿，你太棒了。"接着，更深入地洞察自己，因为今天的你有着丰富的生活经验和教训。你要认识到你是不完美的，因为你是人类——正所谓人无完人。看看你是否能温柔对待会犯错的、挣扎的、努力的、有爱的自己。对自己说："你很好。你就是你，你一直在努力。你是独一无二的。"

附加技巧2：发自内心的自我暗示练习

　　1. 深呼吸，气沉丹田。

　　2. 将一只手或一双手放在自己的心口上，然后重复以下自我暗示：

　　"爱就在你身边。

　　爱就在你心里。

　　你与爱合为一体。"

　　3. 重复，再重复。

“与人为善，
因为你所遇到的每个人，
都在进行着
某种形式的艰苦斗争。”

柏拉图

第 4 章

接纳他人

我刚认识我的丈夫丹尼尔（Daniel）时，他吃生肉。他属于无肉不欢的那种人。我们的共同爱好，是吃烤培根芝士汉堡和慢火烹制的烤猪肉。辛辣的西部辣椒配上米饭，就是我们冬季的周日主食。我们一起烤猪排，一起吃炖牛肉，一起把牛排当零食啃（东海岸的主食）。美食与我们的习惯结合在一起，成为浪漫的回忆。

后来丹尼尔成了一名素食主义者。他没有要求我也吃素，但一个人吃香辣鸡翅，跟两个人一起吃的感觉完全不一样。如今，我们在食物的选择上产生了分歧，不能再像以前那样吃到一起。于是，我也决定成为一名素食主义者。

然后，手工奶酪和煎蛋成了我们的新宠。我们一起发掘新美味，比如二人奶酪火锅、辣味乳蛋饼和西班牙式肉馅煎蛋饼。我们制作出陈年切达奶酪的新口味，也创新了一些菜色，如鸡蛋、奶酪和花生酱饼干。

后来丹尼尔又成了一名纯素食主义者。还剩下什么可吃的吗？充满情调的美食盛宴戛然而止，我很难过，非常难过。丹尼尔找到了新的开始，肩负着新的使命。我嫁的那个农场男孩/猎人，现在拒绝吃任何动物性食品。一想到他不再是我当初嫁的那个男人，我就感到震惊和心痛。

显然，与配偶不忠等大事相比，接纳配偶的饮食改变，看起来似乎微不足道，但我还是产生了同样的抵触情绪。各种思绪在我脑海中盘旋：不要改变！我不想要这样！停下来！让我们回到过去！

当然，随着时间的推移，配偶们彼此都会经历各种各样的变化："我们结婚时你还有头发的。""你以前都是穿 4 码的衣服。""我们刚认识的时候，你的胆固醇还没有那么高。""那时候你是个无神论者。"是的，我们一直在改变……好的坏的变化都有。

遗憾的是，大多数的变化都是我们无法选择或控制的，尤其是他人的变化。有时候，就算是过了很长时间，那些我们希望能做出改变的人，实际上还是没有任何变化。

多少年轻的伴侣会有这样的想法：他会改变的……等我们结婚后他会少喝点酒的（但实际上他还是该喝就喝），或是她会改变的……几年过后她就会想生孩子的（但实际上她还是不想生孩子）。这让我想起了 1996 年的外百老汇（百老汇剧院区外的中小型剧院）音乐剧《我爱你，你很完美，现在改变吧》（*I Love you, You're Perfect, Now Change*）。

关于改变，最讽刺的是：即使变化无可避免，你也不能指望获得期望中的变化！总有一些人，我们希望他们会改变，最后都没有变化；也总有一些人，我们希望他们不会变，但最后都变了。

葬礼上的妹妹

朱迪（Judy）在她父亲的葬礼举办前，来寻求我的帮助。她和哥哥的关系并不好，自从她哥哥几年前搬到加州后，她就再也没见过他。但现在他们的父亲去世了，一家人准备在波士顿举办一场缅怀追悼会。

朱迪对哥哥非常不满，他没能在父亲临终前尽孝道。她希望哥哥：首先，能为自己的不尽责道歉；其次，感谢她的无私付出；最后，负起责任，处理追悼会的一切相关事宜。

我明白朱迪的诉求和她的感受。她一辈子都在怨恨和嫉妒自己的哥哥。当她作为一个孝顺的女儿，多年来一直侍奉在父亲身旁的时候，这个不顾家人只顾自己的哥哥，只知玩乐，四处游荡。

"就这一次，只要约翰能站出来承担责任。我必须让他负起责任！"朱迪控诉道。

　　尽管哥哥平时的所作所为与朱迪的意愿背道而驰，她还是对他抱有期待，但期待的落空，也加剧了她的痛苦。她为父亲感到悲哀，对哥哥没有变成她所希望的样子感到失望。

　　朱迪正试图改变她的哥哥，以寻求内心的解脱和平静。但这必定是徒劳的尝试。努力了这么多年，她也没能改变他。朱迪还没有意识到，正是因为对哥哥的抗拒，才让她自己如此痛苦。只有原原本本地接纳哥哥现在的样子，接纳他所有的缺点，她的内心才能够得到平静。

　　朱迪痛苦的根源，在于抗拒自己无力改变的事情。但好消息是，她可以选择接纳，而且有能力接纳，钥匙就把握在她自己手里，虽然朱迪还没有意识到这一点，但她已经清楚意识到自己的痛苦。

迈出第一步

首先我肯定了朱迪的抗拒心理，并教她如何进行自我关怀练习。自我关怀对她以及其他很多人来说，都是个全新的概念。她担心这个疗法不仅无法让她变坚强，反而会使她变得软弱。这甚至让她觉得有点心虚，好像她不值得关怀一样。我们可以很轻易地关怀别人，但当关怀的对象是自己时，我们却很纠结，这是不是很奇怪？

接纳了自己抗拒自我关怀的事实之后，朱迪根据ACT疗法（详见第2章）进行了自我对话：**承认**——"朱迪，我知道你正在苦苦挣扎，感到尴尬，感到不舒服……实际上还觉得自己有点愚蠢。"**关联**——"很多人都对自我关怀感到担忧。"**友善对话**——"与自己友善地交谈可能很难，但是，你的内心需要一些平静，这是你应得的。没关系的，你可以的。"

虽然觉得很奇怪，但朱迪迫切地想从抗拒的痛苦中解脱出来。她认真地执行这个心理疗法。在继续承认自己当下的痛苦的同时，她将自己与同病相怜的人进行关联，并跟自己友善地交谈。很快她就可以对自己说：**承认**——"朱迪，我知道你现在压力很大。你想让约翰变得更好，而这让你非常沮丧。"**关联**——"你不是第一个对自己的兄弟姐妹感到失望的人。其他人也有同样的感受。"**友善对话**——"亲爱的，深呼吸。你能迈过这道坎的。"

　　朱迪在葬礼的一周后再见到我时，她告诉我，过去的这个周末既成功又失败。她还不能完全接纳她的哥哥。她总是一次又一次地重蹈覆辙，陷入希望哥哥能改变的幻想中。但她的确通过承认（运用自我关怀）自己的痛苦，成功地接纳了自己的抗拒心理。当她开始把自我接纳作为一个独特的创新过程时，她惊讶地发现自己的痛苦减轻了很多。

　　在善待自己的过程中，朱迪尝到了甜头。每当她因为生约翰的气而感到困扰时，她就把注意力从他身上转移开，心平气和地看待问题。她摇摇头，并承认"情况本来可能更糟。我虽然经常对约翰翻白眼，但我没有对他大喊大叫，也没有要求他道歉"。她指出，虽然哥哥对她不是特别友好，但她对自己好就够了。朱迪不再让约翰影响到自己的情绪。确切地说，因为拥有了尊重和接纳自己的新能力，她觉得自己充满了力量。

　　在将来的某个时候，朱迪可能不再期待约翰会改变，并接纳约翰（告诉她自己，约翰本就是现在的模样）。但就目前而言，她还只能够接纳自己的经历。而这在自我关怀进一步强化的过程中，埋下了改变的种子。**接纳自己的经历，打开了接纳他人的心门。**

接纳一系列事物

我曾经听到过这样一句话："我喜欢你，是因为……尽管……但我还是爱你。"〔来自网飞平台的一部电影《牵线》（*Set It Up*）〕。一开始我不理解这些话，因为它们听起来带着轻微的贬义，更像是"我爱你，尽管你总是忘记放下马桶座圈，而且总是迟到"。在我看来，这些话听起来反而更像貌似恭维实则挖苦的嘲讽。

然而，仔细想想，我发现这些话实际上表达出了无条件的爱。"我爱你，就算……我爱你，爱你的优点和缺点……我爱你，就算你犯过错、有小癖好。"每个人都有缺点。"我接纳的是真正的你。"我们都渴望得到无条件的接纳——这是无比珍贵的礼物。

在我的孩子还小的时候，我就告诉他们，无论他们做过什么、要做什么，我都爱他们。即使他们在学校成绩很差，即使他们说谎，即使他们搬去了很远的地方，即使他们选择了我不喜欢的职业，即使他们选择了我不满意的伴侣，即使他们吸毒、偷东西或杀了人，我也一样会爱他们。在这点上，我真是这么想的。

当然，我并不是希望发生这些糟糕的事情，但无论发生什么，我都会真心实意地爱他们。但我没想到，我的大女儿希拉里（Hilary）有一天会让我产生这样的想法："即使你说你恨我，并且似乎已经不再爱我，我也还是爱你！"但这就是事实。

> **"** 我们都渴望得到
> 无条件的接纳——
> 这是无比珍贵的礼物。**"**

多事之秋

在希拉里14岁的时候，我向她爸爸提出了离婚。她彻底崩溃了。她一直是一个敏感的孩子，对于正值青春期的她来说，父母离异就像世界崩塌般，让她难以承受。当然，我也很不好受……感到非常内疚。令我痛苦的是，我选择离婚以改善自己的生活，但却同时破坏了她的美好生活。

然而，希拉里的痛苦很快表现为愤怒，而作为她的妈妈，我成为主要的仇恨对象。在之后的几年里，希拉里一直对我心怀恨意，这让我们俩都非常痛苦。哪怕我们知道为什么受了伤的人会变成伤害他人的人——即使我们能够理解和原谅——但成为其愤怒的出气筒，还是让人非常痛苦。

希拉里时而朝我尖叫，时而又躲着我。她变得尤为擅长敷衍搪塞，无时无刻不翻着白眼挑我的刺。最让我难受的是，有一次她们学校的医护人员打电话给我，说她在体育课上撞到了头，而当我到达学校的时候，她躺在床上大声地对校医说："我不希望在这里看到她。"希拉里对我的抵触，无论是在公共场合还是在私底下，都毫不掩饰。

最后，因为希拉里拒绝一起前往，我只得自己一个人去找了心理咨询师。在描述我的女儿是如何鄙视我，在她小的时候我们是如何的亲密，而现在似乎没有任何解决办法时，我泪流满面。

这位睿智的咨询师摇了摇头，说："噢，亲爱的，这真的很令人痛苦。我们所爱的人，恰恰是伤我们最深的人。"她用抚慰人心的声音继续说道："你并不是唯一一个被青春期孩子迁怒的人。现在你只能承受她的愤怒，这就是你能做的一切。或许未来事情会出现转机，一切都会好起来的。所有这一切都只是暂时的。"

咨询结束时，我感觉得到了认可和安慰。咨询师补充说："对自己好点。你要挺过现在所经历的事情，很不容易。"

这次经历让我对自己多了一些了解。我知道我可以从小处做起，每天只需要接纳某一个人或某一件事。我知道先关怀自己是可以接受的，我可以将对希拉里的关怀放在次要位置。

在我自己接受ACT疗法的过程中，与自我的对话，听起来就像是："艾希莉，这很困难。你不想被你心爱的孩子抗拒排斥，这让你感到心碎。但你不是第一个被孩子憎恨的母亲。你是一个好母亲，随着时间的流逝，事情会慢慢好起来的。"

很幸运，多年以后，我终于能够与希拉里和好如初，回到彼此的身边。

受伤的人容易伤害他人

人们陷入愤怒，或做出防御性反应时，实际上是因为感到受伤或恐惧。我们都有为了掩饰自己的痛苦而发脾气的经历。《全然接受》一书的作者塔拉·布莱克描述了这样一个场景：你在树林中遇到一只对你狂吠怒吼的狗，面对这种凶猛的野兽，因为感到恐惧甚至是愤怒，你往后退了几步。但随后你又注意到狗的爪子被陷阱夹住了，狂吠是因为它疼得要命。这时你的恐惧转化为同情、关心。不管你能否帮助这个可怜的家伙摆脱陷阱，你对它的看法已经改变了。

无论是陷入抗拒的愤怒中的你，还是那些把这种愤怒发泄在你身上的人，你们都深感痛苦，并都渴望和值得关怀。

受伤的人会很容易伤害他人，这就是事实。作为人类，我们很容易受到伤害，这是一个普遍的真理。

出乎意料的老师

想想你遇到的每一个不同年龄、来自不同国家、不同文化的人，他们都渴望被关爱，看到他们受伤时，你会变得更包容。所有人都渴望幸福，但又都遭受着痛苦和折磨。在这一点上，我们都一样。我们都是彼此的学生和老师。

在我们的生活中，那些出乎意料的老师，往往是那些逼着我们去认识自己的人。任何人都可以成为这种出乎意料的老师：烦人的老板、惹人嫌的前任、刚超你车的司机、辜负期望的孩子、不能满足你愿望的父母和虚伪的商业伙伴，等等。

"感激每一个人"是一句充满力量的佛教禅语，常被用于冥想的训练。如果你在生活中遇到别人的挑战（要么是因为他们不接纳你，要么是因为他们让你很难接纳），你要做的就是停下来，透过他们的外表，把他们当成像你一样有需求、欲望和弱点的人。人性是相通的，通过自我关怀的练习，最终会培养出你对他人的关怀。

当然，这看起来很难，做不到也没关系。如果你觉得实在很难对敌人怀抱感激之情，那就慢慢地回到自我关怀的状态，关注自己的抗拒心理。告诉自己，你并不是唯一一个需要处理愤怒、沮丧或羞愧情绪的人。现在的你就很好。在接纳他人之前，你必须从接纳自己对那个人的感觉开始。**自我关怀促进自我接纳，而自我接纳促进接纳他人。**

想象得到他人的关怀

在现实生活中，接纳他人的感觉如何？让我们以萨曼莎（Samantha）和格雷格（Greg）的故事为例，他们正在闹离婚且深受彼此的折磨。萨曼莎说她恨格雷格，因为他背叛了她、抛弃了她、伤透了她的心。格雷格似乎也恨萨曼莎，他对萨曼莎无情、充满敌意，而且他向来知道如何激怒她。

萨曼莎在进行离婚诉讼期间来寻求我的帮助，她觉得自己已经处于崩溃的边缘了。我意识到不能对她说她应该感谢格雷格，也不能说格雷格是她的老师，她还没有准备好做到这个地步。但我也知道，她想要找到内心的平静，唯一的方法就是接纳格雷格真实的样子。

一开始，面对格雷格提出的要求、发来的恶意邮件和短信，萨曼莎总会被气得不行（也总会用一些更无礼、更苛刻的话来回击），以至于她很难把注意力从格雷格身上转移开，无法意识到自己的痛苦。起初，要做到自我关怀对萨曼莎来说太难了，所以我请她从想象自己得到祖父的关怀开始。她从小由祖父养大，祖父是她生命中最信赖的人。萨曼莎想象祖父坐在自己旁边，喝着咖啡，对她说："亲爱的，和我一起喝杯可可吧。坐在这里休息一下，直到你感觉好起来。"幻想中来自祖父的认可、共情和暖心的话语抚慰了她，让她顺应自己的感受。从幻想中得到了来自祖父的同情之后，萨曼莎也得到了来自自己的同情。

几周过去了，每当她意识到自己又对格雷格生气时，她就想象自己得到了来自祖父和另一个更聪明的自己的关怀。然后她能让自己放松下来，深呼吸和微笑。最后，她终于能够在看到格雷格那些气人的电子邮件或短信时，只是想到："格雷格本来就是这种人。"她不再期待格雷格的体面表现，这让她能够重新把注意力集中在自己的反应上。

随着时间的推移，萨曼莎开始能够对格雷格产生同情心了，她意识到如果格雷格一直活在愤怒中，他一定很痛苦。萨曼莎花了很长时间，才得以改变自己的心态，作为受害者遭受的痛苦和伤害，激励了她的转变。接纳（接纳自己，也接纳格雷格）的过程，为她开辟了一条通往内心平静的道路。

随着不断地接纳更多的现实，萨曼莎已经能够发自内心地感谢格雷格，因为他不仅教会了她直视自己的痛苦，而且还让她发掘出了自己所拥有的力量、耐心和韧性。

❋ 接纳别人，并不意味着你认可他们的行为。

❋ 接纳别人，只意味着你接纳他们的人性。

祝福他人

十多年前, 在经历了痛苦的离婚过程后, 我去了一家佛教中心, 学习更多有关禅修的知识, 并了解到被称为 "慈心禅" (metta bhavana) 的慈爱修行。这是一种关爱自己和他人的禅修。此禅修的五个修慈阶段, 引导我直接对以下五类人表达仁爱和美好祝福:

1. 自己 (就像我们在第3章中所做的那样)

2. 所爱的人 (容易做到)

3. 陌生人 —— 你所遇到的人, 比如杂货店里的收银员 (很容易做到)

4. 与你有过冲突或争斗的人 (有时很难做到)

5. 所有人 (从你所在的城市到你的国家, 从你所处的半球到整个世界的所有人)

我在每个阶段要说的禅语都是: "愿你幸福, 愿你健康, 愿你免受伤害, 愿你获得平静。"

在第四阶段之前, 一切都进行得很顺利。第四阶段是什么? 把爱的善意送给曾经与自己有过争斗的人? 很明显, 在当时我应该选择的对象是我的前夫, 但我无法向他提供任何爱或关怀。

但我内心更聪明的那一部分知道，不愿放下愤怒和怨恨，就像吞下毒药的人是自己，却希望死的是其他人一样。或者说，就像自己手握一块热炭，准备用来攻击对方，而自己的手却一直被烫着一样。

一开始，我只能言不由衷地为前夫念完修慈必须要说完的所有祝福，因为即使是想到要祝福他，也令我感到尴尬和不情愿。所以在为他做慈心禅修行时，我给自己增加了ACT疗法的练习。我内心的对话是这样的：**承认**——"艾希莉，在跟他的关系如此紧张的情况下，还要祝他幸福，这感觉很奇怪。"**关联**——"你知道还有很多人，也和你一样，与前任的关系很紧张。"**友善对话**——"你可以先试试看。他和你一样，都想过上幸福的生活。加油，你能做到的。"慈心禅修——"愿你幸福，愿你健康，愿你免受伤害，愿你获得平静。"

在持续这两种练习之后，我确实能够真心实意地关怀他了。最终，这让我的内心感到越来越自由。

将接纳提升至新境界

接纳一个所谓的"敌人"，可能已经让人觉得足够有挑战性了，但要是真的去原谅一个罪大恶极的人呢？那就完全是两码事儿了。宽恕能把接纳提升到一个新的境界。

说到宽恕的神奇力量，玛丽·约翰逊（Mary Johnson）的故事，就是一个众所周知的强有力例证。她是"出死入生"（Death-to-Life）机构的创始人，该机构鼓励受害者家属宽恕凶手。1993年，她唯一的儿子，20岁的拉乐缪姆（Laramiun）被当时16岁的奥实（Oshea）杀害。奥实在监狱服刑了17年，一开始，玛丽对他恨之入骨，内心充满了愤怒和悲痛。

有一天，玛丽读到一首关于两个母亲的诗，其中一个母亲的孩子被杀害，而另一个母亲的孩子正是杀人凶手，玛丽意识到这两位母亲都悲痛不已。她知道，只有宽恕奥实之后，她的内心才能真正痊愈。宽恕并不意味着认可——如果可以，她肯定希望自己的儿子还活着——而是为了治愈心理创伤和摆脱仇恨。

玛丽去监狱见了奥实，并客观地把他当成一个犯了严重错误的人。当她拥抱奥实时，玛丽说愤怒离开了她的身体，消失不见了，也是从那时起，她不再恨奥实。后来他们成了邻居和朋友，现在他们一起努力传播关于接纳、宽恕与和解的向善信念。

当然，要原谅杀害自己孩子的凶手，是一个相当苛刻的要求，不是每个人都能做到这个程度。但或许我们能从中获得更深刻的教训：你和其他人，包括你和我，都拥有着共同的人性。

当你接纳自己的时候，你就学会了接纳别人。当你接纳别人的时候，你也同样学会了接纳自己。

玛丽安·威廉姆森（Marianne Williamson）是一位精神导师，教授《神迹的课程》（*a Course in Miracles*）一书中提到的原则，他喜欢说我们都只是车轮上的辐条，如果你关注的是车轮的边缘，那你会看到我们彼此好像都不一样，相距甚远。但如果你关注的是轮毂，你会发现我们都是一样的——都来自同一个源头。

你遇到的每一个来到这个世界上的人，最终也都会在这个世界上死去，每一个人都希望生活在幸福和安宁之中，免遭痛苦和苦难。当你把别人看作另一个你，或是像你一样总是尽自己所能做到最好的人（哪怕不完美），你就会开始把对自己的自我关怀，延伸为对所有人的关怀。

66 宽恕能把接纳
提升到一个
新的境界。99

赋能技巧

核心技巧：半满之杯

　　当你很爱一个人，但又不喜欢他们的某些方面，或他们所做的某件事时，这对你来说就是一个考验，并且事实上，会让你非常失望。这可能是一些微小的事情，例如他们的发型、穿衣风格或幽默感，都让你感觉非常不适，也许这是因为你的关注点或道德感：你不喜欢他们的政治立场、宗教信仰、体重（太胖或太瘦）、健康习惯、职业选择、居住地、性取向、伴侣/配偶的选择。有时候，你所爱之人身上的某个特质，可能会导致你们长期不和。

　　你所爱的人，在这个世界上有他们自己要走的路，就像你有你自己要走的路一样。尽管你们之间存在差异，但你仍然爱着这个人，想让他们参与你的生活。解决方法，是在一个更大的背景下，去看待你的朋友或你所爱的人，而不是仅仅关注其某个特征。与其关注他们身上你不喜欢的点，不如关注你喜欢的方面。当你看向他们好的一面时，你会找到一种方法来调整自己，接纳他们真实的样子。因此，当你下次注意到某个烦人的（你完全不能改变或施加影响的）特征时，试着用杯子依然半满的乐观态度来看待。

1. 从自我关怀开始。要知道你很难拥有一个既是你所爱，又能让你去改变/帮助/提升的人。你可以感到无助，但要能够敞开心扉地去接纳。然后……

2. 说出那个人身上真正令你喜欢的三个特点。

3. 再举出他们能够真正触动到你的两个行为。

4. 现在朝天空呼气，说："我愿意放手，让你走自己的路。祝你平安快乐、健康幸福。愿你轻松找到自己的路，愿你永远感受到被爱。"

附加技巧1：零极限夏威夷疗法

脑海中想着自己无法接纳的对象，说出下面的句子。零极限疗法是一种关于和解与宽恕的夏威夷心灵疗法。大声说出或在脑海中默念下面几句话。即使你不理解这些话，也要谦逊地说出来。它们能够激发忏悔、宽恕、感激和爱——这四种情感能非常有效地推动心态的改变。

"对不起。

"请原谅。

"谢谢你。

"我爱你。"

每天都重复说和思考这些话，能够打开你的心扉，治愈心灵。你正在经历一个活跃的心理调整过程，以便重启你的生活。

附加技巧2：反思日志

以书面形式根据以下提示进行反思：

❋ "当我陷入自己的抗拒心理时，我感觉……"

❋ "当我希望这个人能跟现在不一样时，我感觉……"

❋ "当我接纳这个人的真实样子时，我感觉……"

❋ "别人正处于痛苦中，而我知道痛苦的滋味。因此……"

❋ "我最近为这个人做了什么？"

❋ "我最近对这个人造成了什么伤害？"

"环境适应自己性情的人
是快乐的，
而能使自己的性情
适应所有环境的人
是更优秀的。"

大卫·休谟

第 5 章

接纳现实

有些环境你可以改变，有些则不能。无论环境能不能改变，学会接纳都是一个好的起点。

《当下的力量》（*The Power of Now*）一书的作者埃克哈特·托利（Eckhart Tolle）在参加奥普拉·温弗瑞（Oprah Winfrey）的谈话节目《周日超级灵魂》（*Super Soul Sunday conversations*）时，谈论到了"接纳"这个概念。他表示，人之所以会有压力，是因为总想改变事情原有的状态，人们必须先接纳当下的现实，才能判断自己是否能够改变这种现实。托利举了一个例子：想象自己陷入泥里，你可能会因此愤怒、抱怨、大喊大叫，但这样只会让你的现实更加糟糕。他的建议是：先不要急于给自己的现实下结论。只有接纳了现实，我们才能转移注意力，然后决定下一步要怎么走。

换句话说，正是因为抗拒才造成了那么多麻烦。

抗拒让你深陷麻烦，不能自拔。

※ 接纳现实，并不代表你喜欢正在发生的一切。

※ 接纳现实，只意味着你愿意利用现状来追求改变。

无法逃避的现实

显然，一般情况下，接纳了当下现实之后，你会选择做出改变。积极的改变包括离开对你施暴的恋爱对象，给饥饿的流浪汉送去食物，戒掉烟瘾，修理汽车的轮胎等。但事实上，很多情况下，有些现实从来都不是我们可以控制的，因此也无法改变。

无法控制的现实令人最难以忍受，因为它会令我们感到无助和沮丧。这些情况可能是平常的小事，也可能是惨痛的经历，包括以下情形（见P139）。

看了这一系列倒霉事儿，你的血压有没有上升呢？我敢肯定，你也可以列出自己的一堆不可避免的倒霉事儿。这些只是生活的一部分，而你的处理方式，决定了结局是痛苦还是安宁。问自己以下问题："我希望怎么处理这些不可避免的状况？我想要反抗，然后承受痛苦；还是接纳，然后享受安宁？"关键在于你怎么选择。

有时候虽然我们不能改变现实，但可以改变自己和这些既定现实之间的关系、对它们的态度和定位，而接纳就是改变的契机。

飞机晚点了；孩子生病了；磕掉牙了；老板或同事很烦人；遭遇堵车；伴侣提出离婚，但你不知为何；近视越来越严重了；手脚益伤了；猫在你的地毯上呕吐了；被强制收取应急服务费；突然收到了一份账单；车坏了；电脑死机了；被新欢甩了；暴雨把你家淹了……乘坐的火车被取消了；家里停电了；养的狗跑了；确诊了严重的疾病；你的自行车胎被汽车撞了；工作项目的截止日期提前了；被暴风雪困在了机场；航班取消了；你相信的朋友背叛了你；

最低限度的抗拒

拜伦·凯蒂（Byron Katie）的书《一念之转》（*Loving What Is*）具有开创性的意义。在这本书的描述中，她放弃对逆境的抗拒，顺应自己遇到的任何现实，无论何时，无论好坏。凯蒂把自己称为"现实的情人"，她告诉人们：让自己痛苦的不是现实，而是自己对于现实的看法。转变了自己的看法，才能转变自己与现实的关系。

我曾经参加过一个工作坊，在那里我听到拜伦·凯蒂讲述自己与生活之间禅宗般的关系。凯蒂告诉观众，无论好坏，任何的现实都是可以坦然接纳的——无论是快要当爷爷奶奶，还是确诊癌症，性质都是一样的，都只是新的现实而已，根本没有必要抗拒。当然，大多数人没有受到过这样的启发，所以总是会过度反应。凯蒂的课并不是建议我们不要有任何反应，而是说接纳与否，掌握在我们自己手中。

接纳的终极目标是顺应我们遇到的任何现实，而在此之前，我们一般要先接纳自己的抗拒心理——我们必须先承认自己不喜欢现状。**接纳和正视自己的抵触感和抗拒思想，接纳它们自然的存在，才能慢慢治愈伤痛。**

可以悲恸欲绝

　　我们的文化向来不提倡表达内心的痛苦。在心理健康领域工作了30年后，我发现这种观念并没有发生任何变化。我们倾向于把能忍受痛苦的人定义为强大的人，鼓励自己治愈伤痛、振作起来，而不是向他人求助。如果有人承受不住痛苦，崩溃了，我们就会苦口婆心地劝他们走出现状——说着一些烂俗的老话或试图转移注意力，无论如何，就是不愿意直面他人或自己的痛苦。

　　然而，在遭遇人生的苦痛之际，不承认（甚至否定），只会让痛苦加重。那我们要怎么帮助深陷痛苦的人呢？最简单的方法就是满怀同理心地去感同身受，并承认痛苦的存在。承认痛苦，并不能消除痛苦，但可以减轻痛苦，因为对方会感受来自你的陪伴和接纳。通过承认痛苦的存在，你认可了他们的遭遇，并提供了支持。随着时间的推移，这会有助于他们恢复。

　　这种充满爱意的承认过程，正是进行自我关怀的过程。假设你正在抗拒某种悲伤的情绪，例如因父亲或母亲的去世而产生的悲伤。而正如ACT疗法中所描述的（详见第2章），自我关怀，能让你感到这种失去至亲的悲痛得到了认可，能与他人产生共鸣。接纳了自己的经历，你会感到放松，然后开始慢慢地愈合。学会了顺应自己的感觉之后，你也就学会了适应现实。让我们看看这是如何进行的……

给接纳一点"仪式感"

一直以来，吉姆（Jim）和维罗妮卡（Veronica）最大的心愿就是生一个孩子。事实上，维罗妮卡从小就梦想着拥有一个大家庭。年轻时，她曾帮别人看孩子，那时候她总是对自己说："以后我也会当妈妈，有这么可爱的女儿。"这个想法，仍会让成年后的维罗妮卡感到激动万分。

来寻求我的帮助时，维罗妮卡已经41岁了，夫妻俩为生孩子努力了十多年未果。他们求助了多位不孕不育方面的专家，花了很多钱看病，但还是没有怀上。

那么他们为什么不领养一个呢？因为他们根本不会考虑领养，维罗妮卡很固执地想要自己生一个。她想自己体验生产的过程，感受胎儿在自己体内成长的过程。她并不只是想要一个孩子——她想要自己生孩子。但是现在，她只能放弃这个梦想了。

吉姆和维罗妮卡这一对夫妻的问题，某种程度上是一种"医学难题"，医学无法解释他们不孕不育的原因，但显然某些地方存在问题。前来接受治疗时，维罗妮卡责怪自己的身体，埋怨丈夫，怨恨整个世界，一直深陷于痛苦之中不能自拔，但她受够了这种痛苦。她希望自己能够不再嫉妒别人家有孩子，她不想再埋怨丈夫，她想要享受生活，过平静的生活。

我们的治疗从维罗妮卡的抗拒、痛苦和愤怒开始，加以大量的"自我关怀"。对维罗妮卡来说，她很难对自己抱有同情心理，但我们找到了有效的方法：让维罗妮卡想象自己获得了神灵的怜悯。在她眼里，圣母玛利亚就是爱与亲切的象征，而且也是一个痛失孩子的母亲，所以圣母玛利亚可以理解自己的痛苦和悲伤。维罗妮卡幻想自己跪在圣母玛利亚面前，接纳来自圣母玛利亚的认可、善意的话语和怜悯，就像一盏明灯在她头顶照耀。

　　在维罗妮卡的幻想中，圣母玛利亚理解她的痛苦，与她产生共鸣，这让维罗妮卡深受触动。渐渐地，她开始理解和接纳圣母玛利亚的怜爱，她对圣母玛利亚的共情也油然而生。在自己幻想的相互关怀的互动中，维罗妮卡终于放下了心结。

　　自我接纳的过程，让维罗妮卡开始转变。她不再苦苦挣扎，而是允许自己顺应了不能自己生孩子的现实。但是，顺应现实是痛苦的，至少一开始并不容易。她要哀悼自己逝去的梦想和希望，这使她每次都泣不成声。

　　为了更好地往前看，维罗妮卡举行了两个仪式。第一个仪式的目标是释怀，不再纠结于要自己生孩子。她把一朵雏菊放在附近的一个湖中，让它随着水流漂走，自由漂流。第二个仪式是说服自己接纳没有孩子的事实——虽然只有她和吉姆两个人，但这也是一个完整的家庭。维罗妮卡在河边选了两颗石头，放在自家花园中。

在慢慢向接纳之路前进的同时，维罗妮卡也给了自己接触全新可能性的机会。"那么现在呢？"我问道，"你打算拿自己的满腔母爱怎么办？"

受到启发后，维罗妮卡采取了行动，从自己的经历中创造意义。她列出了几个选项，包括收养孩子、去附近学校辅导学生，或者就趁此机会培养一些爱好。最后，她成为当地动物收容所的一名志愿者。她感觉受到了召唤，要用自己的关怀去帮助那些需要帮助的动物，同时还收养了两只猫，让它们拥有温暖的家。吉姆夫妇终于能携手向前，每天谱写新的故事。

维罗妮卡的ACT疗法的实践随着时间逐渐深化，她扮演了不同的角色，进行自我对话，有时是"温柔的抚慰者"，有时是"呐喊打气的人"或者其他角色。维罗妮卡自身很有创造力，有时她需要适应自己的悲伤情绪，但有时又要鼓励自己往前走。自我关怀让我们调整自己，意识到自己需要什么、什么时候需要。你需要一杯茶，还是需要一些鼓励？由你自己决定。

为自己创造一片晴天

接纳的过程，即从抗拒到顺从，再到拥有可能性的过程（详见第 1 章）是一致的，无论面对的是灾难性的现实还是平淡的日常。这个过程，对于经历深重苦难的人，和对于遭遇日常小烦恼的人来说，都是适用的。但有时候，即使只是一些生活中的小烦恼，也会令人感觉天都塌了般严重。

艾琳（Arlene）认为自己患上了季节性情绪失调（SAD），而且深受其苦，因此求助于我。一到秋天，她就能感觉到自己的心情开始随着时钟的转动渐渐消沉，然后越发严重，最后演变为一种"冬眠"型抑郁症，并且一直持续到 5 月。我能理解她的感受，因为我也曾经历过这种黑暗又好像没有尽头的情绪寒冬。

在我给艾琳治疗的过程中，自我关怀在很大程度上帮助了她正视自己的经历，同时顺应现实。她也更加积极地与自己对话，她会说："加油，艾琳，多呼吸新鲜空气对身体好！外面很冷又有什么关系呢？多穿一件毛衣，运动起来！"

自我关怀是顺应抗拒心理的关键，它引导着我们去顺应现实环境。对于艾琳来说，自我对话的方式让她更加自信和勇敢，让她感受到别人的支持。

生死相依，不离不弃

从坏天气到癌症，跳跃的程度可能过于夸张，其实接纳二者的过程都是一样的。2012年，我的丈夫丹尼尔得了结肠癌。听到这个消息后，我几乎是顷刻放声大哭。我拒绝接受这个噩耗——不可能啊，不！不能这样对我们。我们不能这么不幸。希望这是假消息。我们不该这么倒霉的。

然而我的痛苦并没有因为情绪的爆发而结束，我再次陷入了无穷无尽的抗拒中。在丹尼尔需要接受插管治疗时，护士过来检查时，丹尼尔的体重减轻时，丹尼尔在每两周一次的发病期（我称为"低谷期"）中痛苦得好几天都无法行动时，我都在竭尽全力地抗拒。

这里的"抗拒"，意思是我依然遭受痛苦。我恨，我恨丹尼尔的遭遇，我恨我的命运，我恨癌症。我不希望看到这一切。我处于一种战斗模式，与现实对抗，与之搏斗。这给我带来了巨大的压力，影响到我的睡眠、心理健康，甚至我的人际关系（可能也是因为我这个人很无趣，本来就没有什么朋友吧）。

**66 自我关怀让我
学会接纳。99**

　　而身患癌症的丹尼尔，是怎么面对的呢？他就像个禅师一样，既没有表现出受害者的样子，也没有质问"为什么是我"，而是放下了一切，无论现实怎么样，他都原原本本地接纳，没有把癌症当成敌人，或是即将到来的战争。毫无疑问，他的确想痊愈，想得到治疗，想活下来，只不过他在以平静的方式为自己争取，平和地反抗罢了。丹尼尔就是将自己从癌症中解放出来的甘地。他服用现代医学提供的药品但同时选择接纳命运。一天又一天，丹尼尔平静得让我妒忌。尽管癌症治好了多年之后，再回头看那段日子，他还会觉得那段难忘经历得益于自己的主动接纳。

　　然而，接纳丹尼尔身患癌症的事实，对我来说却着实不易，我每天都要重新说服自己接纳现实。自我关怀就像是和自己做朋友，我一遍又一遍地记录下我的挣扎：**承认**——"艾希莉，你的抗拒正在让这一切雪上加霜。"**关联**——"艾希莉，你并不是孤单一个人。每年都有几百万人罹患癌症。"**友善对话**——"这就是当下的现实。如果你选择了顺应现实，而不是苦苦挣扎，那么今天，你会好很多。加油！你可以跨过这个坎的。"

　　通过自我关怀，我在接纳的过程中明确了道路。学会了顺应所处的现实，我不再深陷于抗拒的泥潭中，而是与自己同在，与丹尼尔同在。

尝试打造更强的自我

我姑姑过去常说："那些杀不死你的，只会让你更强大。"这让我想起了关于生物圈2号的课，一节出乎我们意料的课。生物圈2号是科学家在20世纪90年代进行的一个封闭的栖息地实验，位于亚利桑那州南部的沙漠中（现为亚利桑那大学所有），其穹状构造便于科学家通过建立一个受控的微型地球来研究地球的生命系统。

让人失望的是，生物圈2号内的树木还没长大就枯死了。科学家注意到，树干变软了，树根也埋得很浅。而只有树干强壮、树根深扎在泥里，树木才会枝繁叶茂。

圈内树木的低迷长势让科学家困惑良久，直到他们联想到圈内缺少的一种因素：风。原来，风的压力是树茁壮生长不可或缺的助力，因为风的阻力能让树长得更茁壮。

正如树需要环境压力才能长得更茁壮那样，也许人类也需要现实的磨砺才能繁荣发展。下一次，当你陷入困难重重的环境中时，就把它看作磨炼毅力和韧劲的那阵风。把环境视为你潜在的助力，这样顺应环境就更容易了。

" 风的压力是树
苗壮生长不可或缺的
助力，因为风的阻力能让
树长得更苗壮。"

好运？诅咒？

怎么判断身处的环境，是挑战，还是"塞翁失马，焉知非福"？这个问题有时候难以确定。面对一连串的坏消息，我会思考：这是挑战，还是祝福？我提醒自己，尽管这是一个令人心碎的悲惨世界，但也总是会存在希望和美好的。

通常，好运和厄运的区别只在一线之间。一场被婚礼上的新娘咒骂的雨，可能是农民期盼已久的及时雨。一个寓言故事阐释了这一谜题：

很久很久以前，有一个老农夫，有一天他的骡子跑了。听说这件事，邻居们纷纷登门，同情地说道："太糟糕了。"农夫却回道："不一定。"

第二天早上骡子回来了，还带回了三匹野马。邻居们感叹道："太幸运了。"而农夫还是说："不一定。"

又过了一天，农夫的儿子想要骑上未驯化的野马，结果摔断了腿。邻居们又来了，他们悲叹道："太倒霉了。"农夫答道："不一定。"

次日，官府进村征募壮年男子参军，看到农夫儿子的腿断了，就放过了他。邻居们向农夫祝贺，没想到这件事最后变成了好的结果。农夫还是那句话："不一定。"

> **有些现实虽然**
> **看似难以接纳，**
> **最后却最有利于你。**

农夫明白，我们永远无法得知一件事情最后会发展成什么样子。在未来真正到来之前，任何事情的结果都具备多种可能性，我们无法预判。生活总是各种情况层出不穷，变幻莫测，然后又演变成新的情况。

谁能确定这些情况到最后哪一个是好的，哪一个是坏的呢。世界也并不像我们看到的那么简单。我们所处的环境，为我们的成长推波助澜，激励我们成为更好的自己。有些现实虽然看似难以接纳，最后却最有利于你。因此，学会放下对未来困惑的纠结，才能消除环境的影响，最终原原本本地接纳身边发生的一切。

世事本无常

毫无疑问，我们偏爱有利的环境。身体健康、神清气爽的日子，感到充实、热爱生活的日子，处处都能发现美好的日子，没有什么比这些更令人向往的了。身处这种环境之中，一切都是"刚刚好"。

遗憾的是，如果你开心的前提必须是一切"刚刚好"的话，那就太糟糕了。因为现实就像河流，源源不断、变幻莫测。你无法将它们冻住，无法阻止这些改变。就在一切都很完美的时候，细微的改变也在不停地发生，这样一来，一切又都变得不完美了。

世事无常——人的感觉会变，现实也会变。认识到这一点之后，我们既需要懂得活在当下、享受眼前的美好，又要学会忍耐和接纳看似糟糕的事情，因为我们知道，坏事并不是永远的。

> **❝ 现实就像河流，源源不断、变幻莫测。❞**

在另一个古代寓言故事中，有一个国王苦苦寻求一句金玉良言，可以像闪耀的光一样指引他在顺境中得心应手，在逆境中时来运转。他召集全国有识之士，征集最完美的格言，确保它在任何事情发生时都能指明方向。一位智者向国王呈上一枚戒指，其上刻着："都会过去的。"国王留下了戒指。一切顺利时，他看看这行字，然后保持谦虚；事情进展不顺时，他也看看这行字，心情不至于太过沉重。

无论你觉得自己所处的环境是好是坏，能不能改变，是否难以接纳，**都请记住一个事实——变化无常，乃是万物之常。** 在经历从抗拒到顺应，再到拥有可能性的过程中，让它成为你的得力助手。

将接纳提升至新境界

我们都知道，人对于不同环境的接纳程度，有很大的不同。要推动从"无抵抗地承认"到"热情地接纳"的过程，可以尝试心甘情愿地把每一种情况的发生都想象成是为了自己好。你可能不知道原因，也无法理解，但是，想一想，要是把所有发生的事情都当成你所遇到的最好的事情，会怎么样呢？

2007年，我和最好的朋友去印度旅游，在此之前，我看了一本非常小巧有趣的书，对我影响很大。书名是《幸福禅》（*Zen and the Art of Happiness*），由克里斯·普伦蒂斯（Chris Prentiss）所写。其中有一句话非常吸引我——"降临在我身上的每件事，都绝对是我可能会经历的最好的事。"

我们一致决定，把这句话奉为我们在这段旅行中的座右铭，而且每天都说很多遍。事实上，因为这句话，即使是遭遇了飞机延误，在旧德里迷路，服务员给我们上错菜，站在人流拥挤的火车站台上，甚至有一个伙伴丢了钱包等糟糕的事情，我们也照样能玩得很开心。在这些挑战出现时，我们竭尽全力以好奇和欢迎的心态应对。

> **降临在我身上的
> 每件事，都绝对是
> 我可能会经历的
> 最好的事。**

　　最后，我们玩得非常尽兴。每一天都缤纷绚烂、香气迷人、充满未知和神秘的冒险。没有什么不能解决的问题，面对所有的状况，我们都想着："嗯……虽然我不知道这个如何能对我有利，但是我相信这是有利的。所以我愿意坚持这种可能性。"在渐渐放下了对现实的抵触后，这种自我安慰的"现实有利"论，也变得越发可靠起来。花一天时间尝试一下吧，看看你看待世界的方式会不会被彻底改变。如果你真的相信所有发生的事情都是对你有利的，那你对生活的体验会发生什么样的改变呢？

赋能技巧

核心技巧：顺其自然

下次，在洗手的时候，认真感受从水龙头流下来的水流，感受水的触感、温度和压力，感受水流滑过你的手指，然后刻意停一下，深呼吸，感受这奇妙的时刻。对自己说："现在，这就是我今天所拥有的一切。在这里，此时此刻的我，顺其自然。我选择顺从生活，不再挣扎。我接纳此时此刻，让一切顺其自然。"

附加技巧 1：给自己写一封信

给你的好朋友或家人写一封信，假装他们的处境和你现在的处境完全一样，例如，假如你正在和一场疾病抗争，你可以给朋友写信，想象他们也刚刚得到确诊通知。你会对他们说什么？表达你的同情与关怀，提出一些建议和想法，让他们知道你能提供什么支持。打开心扉，与他们一起面对挑战。你会写些什么来帮助他们重新认识这种现实呢？

附加操作：一周后，把这封信寄给自己。收到信后，以你朋友的心态来读这封信，接受来自自己的建议、关怀和同情。在写完这封信一周后，又收到来自自己的善意和支持，有何种感觉？

附加技巧 2：停下来，深呼吸，保持微笑

特蕾莎修女说过，"平静，从微笑开始"。不妨尝试一下：停下来，深呼吸，保持微笑。我们都知道，微笑是改善心情的良方。微笑的行为刺激大脑，使其释放"让人感觉良好"的神经递质（多巴胺、血清素和内啡肽），以及一种叫神经肽的化合物，这些都对人体、大脑和心情有很大益处。

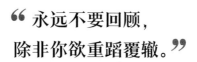

66 永远不要回顾，
除非你欲重蹈覆辙。**99**

亨利·大卫·梭罗

第 6 章

接纳过去

罗杰又伸手去拿纸巾，此刻，他眼里满是泪水。在过去的两个月里，他每周都会来参加治疗，一边痛责自己，一边不断悔恨地念叨：如果当初不这样做，事情会不会就不一样了……罗杰经历着丧子之痛，并觉得自己对儿子的死负有很大的责任。

尽管罗杰对儿子的死并无责任，但他还是控制不住地去想：如果他当初做出不同的决定，事情是不是就会变得不同。有时候，主动包揽责任的痛苦，相比于意识到自己其实根本无能为力，要更容易。

5年来，儿子吸食海洛因成瘾的问题，一直困扰着罗杰。他的儿子希杰曾经是个问题少年。他在上学时存在学习障碍，在青年时期饱受抑郁症的折磨，为了减少痛苦，他染上了毁掉一生的毒品。为了拯救儿子，罗杰把他送进戒毒所，使用十二步戒毒法进行强制戒毒（请参阅第30页）。

但在希杰吸毒过量的前一天晚上，罗杰恰好意外地将他赶出了家门。罗杰决定对儿子严厉些，他告诉希杰，他不会再纵容他的吸毒行为，只有希杰戒掉毒瘾才允许回家。第二天，希杰在他的一个朋友家里被发现，不省人事。在希杰昏迷并依赖医疗器械维持生命的5天里，悲恸欲绝的罗杰一直坐在他旁边。罗杰乞求、恳求、祈祷并奢望儿子赶快好起来，但事与愿违。医生告诉罗杰，希杰已经脑死亡。所以，在希杰29岁生日前夕，罗杰决定放弃对儿子的治疗。

"如果那天晚上我没有把他赶走……"罗杰止不住掉眼泪。如果……如果……如果……

> **" 让人感到遗憾的是，**
> **人永远都不能，**
> **的确永远都不能改变过去。"**

他人的安慰对罗杰来说根本起不到任何作用，即便罗杰自己也知道，希杰迟早都会因为吸毒过量出事儿，哪怕不是那天晚上，也许就是其他某个晚上。毕竟希杰这种自我毁灭的吸毒行为已经持续数年。即便罗杰知道，基于他对希杰的了解以及他为拯救希杰而做出的无数努力（尽管毫无收获），他当晚的决定并没有错，这也没能安慰他分毫。

所有这些合乎逻辑的解释完全不能减轻罗杰的痛苦和自责。让人感到遗憾的是，人永远都不能，的确永远都不能改变过去。木已成舟，覆水难收。然而，我们不断地在自己的脑海中一遍又一遍地思考已经发生的事情，就好像如果我们在脑海中反复回忆这些事情，它们的结果可能就不一样。我们如此迫切地希望能够改变既定的结果。

　　罗杰知道，在某种程度上，他的悔恨和罪恶感是徒劳的，虽然他渴望一种平静的感觉，但他就是无法获得。他承受的痛苦过于深刻，最终，正是他对解脱的渴望，使他敞开了心扉去接受ACT疗法（详见第2章）。事实上，**承认**的行为对他来说很容易。他对自己说："罗杰，我知道你很痛苦。我知道你觉得自己对希杰的死有责任。我知道你希望事情能有不同的结果，因为这太可怕了。"承认自己的痛苦——这个简单的行为，让罗杰流下了解脱的眼泪。

　　承认自己的痛苦之后，罗杰相对轻松地走到了ACT疗法的**关联**阶段。他在治疗中心和戒酒会（为酗酒者的家人和朋友举行的会议）上见到过许多父母，他很容易能够体会到他们的痛苦和挣扎。在"关爱之友"（The Compassionate Friends，为死者家属举行的聚会）中，他感到自己与死者父母之间有某种联系。他对自己说："罗杰，你和成千上万的人一样，都爱着或爱过一个瘾君子。你和许多失去亲人的父母一样，尽了最大努力，但仍会因至亲的离去而心碎不已。"

　　但是到了与自我**友善对话**的时候，也就是ACT疗法中的"谈"（T）步骤，这对罗杰来说是个很大的挑战。一开始，他对此根本毫无头绪。他说："我只想痛扁自己一顿，我要怎么样才能对自己友善。"我们没有强制罗杰去否认这一点，并承认要求他温柔对待自己是多么困难，承认哪怕是想要放自己一马对他来说也是巨大的挑战。

有时，如果客户无法对自己说一些安慰的话，我会建议他们将注意力转移到身体上。关注身体所感受到的情感，是一种放松的方法。我们都闭上了眼睛，我问罗杰能否描述一下他想痛打自己的感觉。

"我觉得胸很闷。不，等一下，更像是我的胃被紧紧地攥着，我的肚子好像被踢了一脚。"他说道。

"好的，是一种踢中肚子的感觉，"我重复道，"你能不能就保持这种感觉，然后留意一下自己处在这种感觉的时候，又会感受到什么呢？"

"我不喜欢，"他回答说，"我不想感受这种感觉。"

"是的，这确实不舒服。"我回答说，"但请注意，如果可以的话，保持这种感觉的时间长一些，静静地感受它带来的痛苦。我想请你对自己说，你只是想做一个好父亲，你想帮助希杰，但做不到。"

听到我说出这些话，罗杰哭了起来。"就是这样，我想帮助他，但我无能为力。"

"没关系，就让这种感觉流露，罗杰，你的身体如何感受这种无助？"我又问道。

"我像布娃娃一样瘫倒在地，就像身体被掏空一样，浑身无力，我不喜欢这样。"

"是的，没有人想要那种没有力量、软弱无力的感觉。"我安慰道，"你就这样，让这种无力的感觉待在你的身体里，试着保持那种感觉。即使你不喜欢，也没关系。"

我们沉默了一会儿，罗杰不由自主地把手放在肚子上。"我只是想让自己好受一点，"他说，"我现在感觉很糟糕，但不知道为什么，好像又没那么糟糕了。"

"看看你能不能再坚持一段时间，"我鼓励道，"现在你的身体又有什么感受呢？"

"胸闷的感觉消失了，实际上，我感觉轻松多了，"他说，"对于我的无力感，我现在有种感觉，说不上是可怜，而是…… 也许是解脱？就像是突然发现自己并不是无所不能，这纵然有些恐怖，但我只是一个凡人，只是一个爱着儿子的普通人。"

就在此刻，罗杰做出了改变。承认了所承受的痛苦并允许其存在，使他能够走进自己柔和的内心。通过描述自己的感受，他见证了自己的变化，从而接纳自己对痛苦的抗拒，并为改变感受创造了空间。在这次治疗之后，他能够通过自我安慰，提醒自己只是一个普通人。他的痛苦转变成了自我关怀和自我安慰。

对罗杰来说，"接纳"这个词从来不存在于他的字典中，但"允许"却可以存在。他选择"允许"他的过去以原本的样子存在，不再试图改变过去。他自我安慰的话语变成了温柔的鼓励，鼓励他向前走，带着对希杰的回忆继续前进，不再有负罪感。当儿子的死成为现实生活的一部分时，罗杰意识到他不想浪费剩下的时间，所以他展望未来（可能性）。为了纪念希杰，他选择重新拥抱生活。

❋ 接纳过去，并不意味着你喜欢它或者你希望重蹈覆辙。

❋ 接纳过去，只意味着要继续前进，在过往的经历中成长。

自我宽恕

宽恕自己，就是停止对自己的愤怒或怨恨。自我宽恕和自我接纳的感觉非常相似，都是让你在所处的现实中得到放松，释放抗拒的情绪，变得更加温和。接纳做过但希望自己没有做过的事情，或是接纳没有做但希望做的事情，这就是一种自我宽恕。这可能是你犯了个错误，或希望能够做出不同的选择改变既定的结果，或做了什么伤人的事，甚至是犯了罪。

还记得克劳德·安信·汤玛斯吗？他是越南退伍军人，后来皈依佛门（详见第84页）。梅村下村的人一直跟他说："过去的事就过去了。"但他最后终于情绪爆发并大叫："过去并不总是过去，有时就真实地存在着，这一点都不好，很令我讨厌。"他在战争中杀害了无辜的人，这个事一直困扰着他。一位和尚对他说："一个人要学习与过去和解，像静水一样生活。"

克劳德花了3年时间去宽恕自己，最后，他终于能够接纳自己过去的记忆，开始平静地生活。对克劳德来说，当他放下对自己的愤怒和怨恨时，接纳和宽恕就融为一体了。当你"该受责备"时，自我宽恕就成为接纳过去的前提，而**对一些人来说，这还包括给自己赎罪。**

> **❝**宽恕自己就是
> 停止对自己的
> 愤怒或怨恨。**❞**

为自己赎罪

十二步戒瘾法的基础步骤，首先是认清一个人的缺点，并适当地进行改正。一些宗教也有支持忏悔和赎罪的传统。当我们犯错时，忏悔、赎罪、道歉和改正的行为，就表明我们接纳了过去，并逐渐学会了自我宽恕。

卡洛斯迫不及待地想改变自己的生活。他患有抑郁症，来找我看病的时候已经42岁了。他父亲近期的离世，导致他情绪失控。"我们的关系从不亲近，真的，我从小就讨厌他酗酒。他不是那种会去看我棒球比赛的爸爸，我们的父子关系很生疏。"

卡洛斯曾以为，如果他不理爸爸，把他置于自己的生活之外，就可以摆脱他的影响。但卡洛斯一生都在责怪父亲："我意识到那个混蛋只教了我一件事——对生活的悲观看法。"

一年前，卡洛斯的父亲生病去世时，卡洛斯没有去看望他。他曾考虑过要去，但后来想到"那个人活着的时候，从来没有待在我身边，所以他临终时，我为什么要在他身边呢"，便作罢了。

当卡洛斯接受我的治疗时，刚开始，他一直把自己的抑郁症归咎于他的父亲。而治疗的目标，就是帮助卡洛斯温柔地对待自己，弥补没能从父亲处获得温暖亲情的缺憾。带着对自我的同情，卡洛斯终于意识到，获得幸福是他自己的责任，并且是自己可以控制的。而在父亲临终时没有去看望父亲，也使他一直在内疚中挣扎。他后悔自己的决定，父亲孤独地死去的画面不断扰乱他的心。

正是这个画面影响了卡洛斯，使他最终成为一名临终关怀志愿者。对卡洛斯来说，自我同情激发了他对他人，甚至对父亲的同情心。他告诉我，虽然他没有陪在自己垂死的父亲身边，但他可以帮助其他垂死的人。"我这么做是为了我父亲，为了缅怀他。你知道吗？他虽然是个混蛋父亲，但也不算是坏人。"对卡洛斯来说，临终关怀志愿服务是一种弥补的方式。完全接纳了自己过去的行为后，他可以继续自己的生活，而不必为自己没能履行的责任自责。他能够从过去获得新的意义，超越痛苦。

沉湎过去，还是活在当下

但如果你不是那个应该受到责备的人，不是那个不称职的人呢？如果是别人要为你艰难的过去负责呢？你如何接纳这个事实并继续前进？你会原谅还是忘记？当你并不是需要负责的人，接纳过去，就意味着承认过去也帮助造就了今日的自我，甚至可以将其视为把你推向比当前更强大的自我的动力。

这就是劳拉所经历的事情。劳拉在遭遇一次小型车祸后前来咨询，这段经历让她感到焦虑，并害怕靠近十字路口（她是在红灯停车时被他人追尾的）。而且，她在生活的其他方面也不顺心，她痛恨自己，痛恨工作，自从那次车祸后，她经常觉得自己死了会更好。

运用快速眼动治疗法

在开始对劳拉的治疗中，我给她使用了一种叫作EMDR（眼动脱敏与再处理）的治愈创伤技术。这种特殊的技术使用闪烁的灯光，当病人被观察时，眼睛会快速地左右移动。就像在快速眼动（REM）睡眠中一样，眼球的运动会导致大脑处理记忆，它还能让大脑联想记忆，治愈痛苦的情绪。

当人们在恍惚中左右转动眼睛时，他们的大脑会沿着记忆的轨迹进行联想。我们从劳拉对车祸的记忆开始，眼动脱敏与再处理的过程，把她的注意力转移到了别处。

我停下光传感器，问她："你注意到了什么？"（治疗前，我告诉她，如果出现任何画面或感觉，一定要向我汇报。）她说："我脑海中出现的画面，是我小时候的事情。我当时在自己房间玩洋娃娃，我爸爸冲进我的房间，对我大喊大叫。他走过来打了我的头。天啊，我好多年都没想起过这件事了。"她父亲是个酒鬼，一喝醉酒脾气就很暴躁。

我们继续进行眼动脱敏与再处理治疗，随着劳拉大脑的自我疗愈，她父亲的虐待行为一个接一个地出现在她脑海中，然后逐渐消失。她哭了起来，但还是继续跟着灯光转动眼睛，并告诉我她看到的画面。她记得有好几次，父亲喝醉了酒冲进她的房间，无缘无故地打她，她称之为"暴力殴打"。

她抽泣着说："我记得有好多次父亲跟我说，他多么希望我是个男孩，多么希望身为女儿的我永远都不要出生。"

劳拉是如此勇敢，她让这些记忆浮现出来，与成年后的她融为一体。她已经很多年没有想过这些痛苦的事情了。突然，她抬起头来，意识到为什么那场车祸——一场来自背后的意外袭击——会引发她的焦虑。她也意识到为什么这会让她产生自己死了会更好的感觉，因为车祸带来的感觉，就像她在成长过程中所感受到的那样。在结束这个疗程时，她从创伤中解脱出来，没有了痛苦的感觉，她迎来了新的平静。

当我们开始谈到她痛苦和受虐待的童年时，她开始意识到，过去的残余影响，已经在她当下的生活中体现出来了。事实上，大多数人都没有意识到过去的经历，尤其是童年时期的经历，对现在的影响有多大。

人类的潜意识，是没有时间流逝的概念的……你的过去，就是你的现在。

与过去和解

随着创伤的愈合，劳拉想强化自己的自尊、内在的价值感和能力。她需要与童年时认为自己有缺陷或应该受到虐待的想法决裂，她已经做好了自我关怀的准备。

我开始引导劳拉进行一系列的视觉化想象，想象现在的她和儿童时期的她坐在一起。劳拉看到现在的自己，抱着小时候的自己，安慰小小的她，告诉她自己并不孤单，她不应该受到那样的待遇。

劳拉很幸运，因为原谅她的父亲对她来说很容易。他也被自己的父亲殴打过，所以劳拉可以把他看作一个受过伤的人。自我关怀是劳拉接纳父亲、接纳过去的起点。成年后，她知道童年悲惨的经历，赋予了她面对生活苦难的韧性和勇气。她终于看到，童年是生命拼图中的一块，但只是一小块。

她说："我把我的过去当作肥料，虽然它很垃圾，但你让它发酵，它就能够变成肥沃的、赋予生命的有机物。"

劳拉拥抱这样一种感觉，即自己是有价值且能够获得幸福的，并且能够将这种感觉融入当前的自我认知中。现在，她成为一名坚强而充满活力的女性，一名熬过悲惨过去的幸存者。

如果我们回顾自己的接纳之旅，就会发现，所有的苦难，往往是最好的老师，无论是自己造成的困难，或是因他人而遭遇的困难，或是环境带来的困难，甚至是过去所有那些奇怪和令人痛苦的事情。

全新的空间和全新的视角

有时，我们只需要一点距离，一些不同的视角，来更清楚地看待这一切。我们一起来读一下这个来自印度的传统故事：

一位印度大师厌倦了徒弟的抱怨，于是，一天早上，他让徒弟去买了一些盐。徒弟回来后，大师吩咐这个心怀不满的年轻人，把一把盐放在一杯水里，然后喝下去。

"味道怎么样？"大师问。

"苦。"徒弟结结巴巴地说。

两人默默地走到附近的一个湖边。大师让这个年轻人在湖里撒了一把盐，当徒弟搅拌完湖中的盐后，大师又说："现在，喝一口湖里的水。"

年轻人照做了，然后大师又问："味道怎么样？"

"新鲜。"徒弟说。

"你尝到盐的味道了吗？"大师问。

"没有。"他说。

闻此，大师握住这位心怀不满的年轻人的手，说道："生活的痛苦，就是这把纯净的盐，不多也不少，生活中的苦痛，程度完全一样。但是我们尝到的苦味，取决于我们把痛苦放在什么容器里。所以，当你痛苦时，你唯一能做的就是强大你的内心。你的内心，不要像一个小小的杯子，而是要成为广阔的湖。"

自我关怀，能够扩大我们接纳的空间。而接纳，则扩大了我们拥有的可能性。当我们真正意识到过去只是过去的时候，一个广阔的前景就会展现在我们面前。那些让人难以接纳的，曾经让人难以忍受的痛苦，现在只是广阔的个人历史中的一小部分。过去已逝，活在当下，展望未来。

过去/现在/未来

正如过去影响我们的现在那样，我们的现在也影响我们的未来。我们今天做的和想的每一件事，都将在明天成为过去。我们所要做的，就是把握现在，把握今日，把握此时此刻。

我曾经治疗过一个32岁的客户，叫丽贝卡，她十多年前就开始吸烟了。她痛斥自己是个烟鬼，十年来一直毒害自己的身体。她沉湎于过去，并悔恨当初为什么开始吸烟。她对过去选择和当前渴望的抗拒，在她紧绷的身体和消极的言语中表现得很明显。

在几个疗程中，我引导丽贝卡走上自我关怀的道路，她变得对自己更友善了。虽然这并不没有立刻帮助她戒烟，但确实意味着她从自我厌恶中解脱出来，从阻碍其改变的抗拒情绪中走了出来。她

> **66 正如过去影响
> 我们的现在那样，
> 我们的现在也影响
> 我们的未来。99**

不喜欢自己过去的选择，也不喜欢当下对香烟的渴望，但她正在接纳这些情绪。我注意到的是，随着中立接纳（"过去的已经过去了"）的建立，友善对话成为促进内心改变的动力。（"丽贝卡，戒烟很难，但你可以做到。你并不是唯一一个做出这种改变的人，你值得更健康的选择。"）放下了对过去的抗拒，她就创造了全新的一天，一个未来的她可以满怀感激地回顾的一天。

"我想，如果我一直盯着后视镜看，我就没法往前开了。"丽贝卡在治疗结束时，突然说道。对她来说，走向未来，就是不再回顾过去。

自我关怀帮助丽贝卡从顺应（"我多年来一直在抽烟，到现在都还是一个烟民"）转变成了可能（"不同的结果是可能的，我愿意接纳它"）。虽然她无法改变自己过去的行为，但她相信，有可能改变自己当下的行为。

将接纳提升至新境界

如果你想接纳过去，从温柔的"不抗拒的允许"到"热情的欢迎"，你可以通过更宽泛地思考因果报应的概念，来强化自身经验。

从根本上说，佛教和印度教的因果报应概念，指的是行为的因果关系。我们在某一时刻采取的积极或消极的行动，都会对我们未来的某一时刻产生一些影响。

> **66 要对探索、
> 未知事物和接纳
> 保持开放的心态。99**

　　你可能很难接受因果报应和轮回的观点。但是，即使感觉它们很陌生，你仍然可以从它们提供的视角中获得一些灵感。你以前的行为，对你现在的情况有何影响？你现在的行为，会如何影响未来的自己？为什么你的灵魂，会为了日后的发展，而促使你当前的行为？即使你没有答案，也要提出这些问题，要对探索、未知事物和接纳保持开放的心态。

赋能技巧

核心技巧：定位感觉

放弃过去，归根结底就是活在当下。此时此刻，要顿悟自己活在当下。可以选择一个物体，帮助唤醒五种感官的当下感。

看：当你握住物体观察时，要注意细节。停下来，认真地去看所有细微的差别、所有的颜色以及反射过来的光。在刻意关注这些细节时，注意它们是变得清晰还是变得模糊。

摸：当你握着这个物体时，感受它的细节。纹理是粗糙的还是光滑的？冷还是热？软还是硬？认真体会这种感觉，注意指尖和手掌的感觉是否有不同。

听：晃动你手上的物体。它会发出声音吗？当你把它放到你的耳旁，它会发出声音吗？那么手指放在物体上的声音呢？感受或想象它撞击或摩擦其他表面时可能发出的声音。

尝：如果这是一个可以品尝的物体，可以尝一下。如果不是，那么当你的其他感官感受手中的物品时，注意你嘴里产生了什么味道。

闻：你手里的物体有香味吗？如果没有，你身处的空间里存在什么香味呢？想象它们正在环绕并注入你手中的物品。

学会活在当下，只活在当下。

附加技巧1：拓展关联感

可以站着也可以坐着，然后将自己的生命想象成一个时间轴，在你延伸它时，它会将过去、现在和未来联结起来。

1. 弯下腰，把手放在地上——这是你的过去。

2. 把你的手高举向天空——这是你的未来。

3. 回到中间，双手合十（一种瑜伽姿势，双手合十，手指向上，拇指靠近胸部）——这是你的现在。

4. 深呼吸，意识到你生活在现在，但也清楚地意识到，你正在走向未来，创造一个新的过去时刻。

附加技巧2：苦乐参半的回忆

花几分钟时间，从过去的艰难经历中找出一个（痛苦的），然后看看你是否能想出两个不那么糟糕的方面（甜蜜的）。

例子1：我记得七年级是非常不快乐的一年——那年我父母离婚了，这令我感到十分尴尬。但同时我还记得：

❋ 我非常喜欢我的钢琴老师，她对我很好，知道我正在经历一段艰难的时期，她就在上课时给我带巧克力饼干。

❋ 赢得初中拼写比赛，对一个13岁的孩子来说，这是一个激动人心的大奖。

例子2：我记得当我的三个孩子还很小的时候，我做了一次紧急的阑尾切除手术。这很可怕，造成很大不便的同时也很痛苦。但我也深切地记得：

❋ 我最好的朋友和邻居帮我照看孩子，给我做汤，甚至帮我洗衣服。

❋ 尤其是我遇到的一位护士，她简直就是个天使，在医院里把我照顾得无微不至，帮我大大缓解了疼痛。

当你想寻找甜蜜的回忆时，即使在痛苦的经历中，你也会找到它们。

> ❝当你想寻找甜蜜的回忆时，
> 即使在痛苦的经历中，
> 你也会找到它们。❞

> 只是一个念头，一个可能性，
> 都可以粉碎和改变我们。

弗里德里希·威廉·尼采

第 7 章

拥抱无限可能

一个男人回到家，发现一大堆粪肥被倒在他的门前。他之前并没有订购过粪肥，而且他也不想要这堆东西，但不知何故，它就在那里，他对此很恼火。正如我们在第1章中了解到的，他的反应，可能对应了接纳过程的各个阶段。他可以抱怨这件事，咆哮怒骂生活中的不幸（抵抗）。他可以放弃抵抗，把粪肥留在门口，顺应新的现实（顺应）。甚至更好的是，接纳了新情况后，他就可以冷静地思考接下来可以做什么——他可以把它卖掉，或者把它作为肥料撒在花园各处（可能性）。

在面对生活及其带来的各种挑战时，所有人都面临着同样的选择。我们可以拒绝，也可以接纳。我们不刻意追求也并不想陷于困境，然而在挑战出现之后，我们的应对之法，为我们的未来、为可能性奠定了基础。

拥抱生活的无限可能，意味着对未来保持好奇和开放的心态，并对自己说："这是我已经拥有的现实——接下来是什么？"我们可能控制不了生活的具体事件，但我们可以控制自己的接纳态度。

✽ 接纳并不意味着没有改变的希望。

✽ 接纳只意味着你站在无限可能的门外。

想要糟糕或是更好的结果

格雷西（Gracie）32岁，正处在怀孕的幸福中，却对生产即将经历的医疗感到恐惧。她来向我求助，是因为想消除对分娩的恐惧——包括对打针、输液和抽血的恐惧，更不用说对生孩子的恐惧了。她的抗拒是显而易见的。她曾考虑过在家生产，以避免医院的操作，但她的丈夫并不支持这个想法。她只得恐惧万分地期待这个无法逃避的现实。

为了缓解她的恐惧和焦虑，我们共同进行了ACT疗法的练习（见第2章）。自我关怀是接纳过程的第一步。格雷西承认并体会到了接纳自身焦虑的感觉，"格雷西，你很担心，但你的担心是有道理的。这是件大事，因为你的身体很珍贵"。

我们继续进行ACT疗法的练习，我让格雷西闭上眼睛，想象自己躺在医院的病床上，旁边有个护士在帮助她。"现在想象一下这位护士准备给你抽血。她用胶带扎紧你的胳膊，考虑着从哪条血管开始抽血。"

听到我的描述，对面格雷西的身体显而易见地绷紧了。在准备迎接针管的时候，她全身的血管仿佛也在极力地抗拒。

"你的身体现在是什么反应？"我问。

她说："全身紧绷，为抽血做准备。"

"好，现在看看你能不能把注意力集中在呼吸上。放松身体，然后慢慢呼吸。把你的注意力转移到内心，深呼吸。"我继续引导她，"格雷西，这很可怕，但你并不孤单。很多人在接受治疗的时候都会紧张，但你会像以前一样，安全地度过。专注于你的选择，你是会抗拒它，增加你的疼痛，还是试着接纳它，相信现代医学的力量？是紧张，还是顺其自然？这是你的选择，你想要什么结果？"

"我希望情况变得更好，减少痛苦。"她回答。

"好，你肯定能放弃抗拒，接纳它，并坚持往前走。"我提醒她，"对自己说：'呼吸，亲爱的。你会没事的。你可以相信这里的每个人都在尽力帮助你。你有能力控制情况，无论是变得更糟或更好。'"

格雷西的身体放松了。她对自己说："是的，我能做到。我准备好了。我有能力让情况变得更糟或更好，我拥有这种力量。"她低低地长出了一口气。

大约两周后，我收到了格雷西的一封电子邮件，里面有一张新生儿的照片。孩子顺利出生了。她不仅抽了血，输了液，还进行了紧急剖腹产手术。这位新妈妈写道："我接纳了所发生的一切，我知道我可以选择如何面对。"经过努力，现在她拥有了一个漂亮的儿子。

从长期的抗拒，到迎接全新的生活方式

布鲁斯（Bruce）52岁，在最后一次治疗时，他热烈地表达了自己的感激之情。他不仅为自己改邪归正、平静与快乐而感激（这情况在刚开始治疗时是没有的），也为自己曾是个酒鬼而感激。欣然接纳自己是个酒鬼的事实，改变了他的人生轨迹。

布鲁斯前来求助的动机，是他妻子的离开。因为他一连几个晚上无休止地醉酒，令她感到筋疲力尽。实际上，他成年后的大部分时间都是在酗酒。他知道挽救婚姻为时已晚，但希望挽救自己不会太迟。他告诉我："我有酗酒的毛病，而且好像无法自控。"

布鲁斯已经获得了一个可喜的开始，因为他承认了自己酗酒的问题，已经跳过了抗拒阶段，接纳了现实。ACT自我关怀练习对布鲁斯来说很容易。他经历了屈服于悲伤、失落和渴望的感觉。

"但现在呢？"他问。他要怎么办？他完全可以承认错误，说"没错，我就是个酒鬼"，然后该喝继续喝——毕竟，他已经承认自己是个酒鬼。但或许还有另一种可能。

自我关怀的目的，不是纵容或允许自己做出自我毁灭的行为。自我关怀并不意味着你可以随时随地做任何想做的事情。你可能会理解那些在寒冷的天气里不想穿外套的孩子，但你仍然会坚持要求他们穿外套。

对于布鲁斯而言，ACT练习的作用，是帮助他走向可能性。他注意到了自己的痛苦。（"这确实很难，虽然你觉得自己可以戒酒，但还是喝得停不下来，最后，导致你的婚姻结束了。"）他提到了其他人的共同经历。（关联："你不是第一个有酗酒问题的人。"）最终，友善对话触发了转变。（"好吧，布鲁斯，你是个酒鬼。是的，戒酒很困难。但是你想怎么做呢？你可以扭转现状，而且不用自己动手，你可以寻求帮助。"）有时候，与自己的友善对话，会让你觉得身边有一个理解你、支持你、鼓励你的贴身导师。

布鲁斯在接纳自己并不需要独自解决这个问题的现实后，便参加了他的第一次匿名戒酒会。他无法改变自己是酒鬼这一事实，但他可以改变对自身处境的反应。他的内心变化带来了外部的变化，并改变了他的人生。几周后，他终于戒掉了酒瘾，并积极地进行康复治疗。布鲁斯的幸福结局，始于接纳自己并适应自身的处境。有了更美好的可能性，他就知道了前进的方向。

请记住，当你无法改变现实时，接纳能够帮助你打开一个充满其他可能性的世界。一扇门关上后，记得去寻找一扇窗。

**"自我关怀并不意味着
你可以随时随地
随心所欲。"**

超越失去

20世纪90年代，当我写出我的第一本书《超越失去》（*Tran-scending Loss*）（最初的书名是"寻找新的窗户"）时，令我感兴趣的是，为什么有些人在失去至亲或挚爱之后，依然能够保持韧性并顽强成长，创造人生的意义甚至更进一步，而其他人则沉沦于痛苦和沮丧无法自拔。我发现超越就像接纳，是一种选择。当一个悲伤的人开始接纳他们的痛苦时，爱就有了发展的空间，随之而来的是希望。超越是一种选择，即使在伤心欲绝的情况下，也可以使自己在失去中寻找意义。

同样在20世纪90年代，心理学家泰德斯奇（Richard G Tedeschi）和卡尔霍恩（Lawrence G Calhoun）提出了"创伤后成长"的概念，以解释那些经历逆境后承受心理压力的人们，如何也能体会积极的情绪，实现个人成长。和我一样，他们也观察到，那些忍受苦难的人，经常会主动做出积极而有意义的人生改变。

　　艾米莉（Emily）是一名中年妇女，她的儿子在执行伊拉克战争的任务回来之后，选择了自杀，因为他患有创伤后应激障碍。每天，艾米莉都在经历着一个从**抗拒**（每天醒来后脑子里想的都是，"不，他不可能死了"）到**顺应**（"是的，很遗憾他已经死了"）再到**可能性**（"我今天该如何纪念他"）的过程。

　　她一直积极地通过丧亲父母组织"关爱之友"，为其他失去孩子的母亲提供咨询。她还活跃于美国金星母亲组织（American Gold Star Mothers），一个由失去参军儿女的美国母亲组成的机构。她坚持不懈地努力提升人们对于自杀的认知，尤其是退伍军人自杀问题的关注。

　　如果她的儿子能奇迹般地复活，她是否会立刻放弃当前的努力？是。但她是否决心尊重已逝的儿子，并化悲痛为力量，做出积极的贡献？当然！

接纳是实现改变的路径

当人们问我："一个人怎么能轻易地接纳不公平、全球变暖、贫穷、虐待关系以及战争呢？"我回答说，接纳是改变的切入点、窗口以及前提。我们必须从现实出发。正如马丁·路德·金（Matin Luther King, Jr）所说："黑暗不能驱赶黑暗，只有光明才能驱逐黑暗。仇恨不能驱除仇恨，只有爱才能驱逐仇恨。"因此，抗拒也不能驱除抗拒，只有接纳才能驱逐抗拒。

抗拒是一种充满仇恨和恐惧的黑暗，它会束缚你、限制你，使你软弱无力。接纳可以照亮抗拒的黑暗处，它不仅照耀着我们的过去和现在，还能平和地带来改变，引导着我们走向更美好的未来。

当然，抗拒是人生旅程中很自然的一部分。正如我们所看到的，当我们理解自己的抗拒，坦率地承认自己的痛苦，然后"停顿、呼吸、微笑"时，我们就创造了一个空间，一个转抗拒为顺应、拓展自我、实现创造、获得平静的空间。正是从这里，我们可以自由地展开翅膀，飞向充满可能性的世界。这就是接纳的力量。

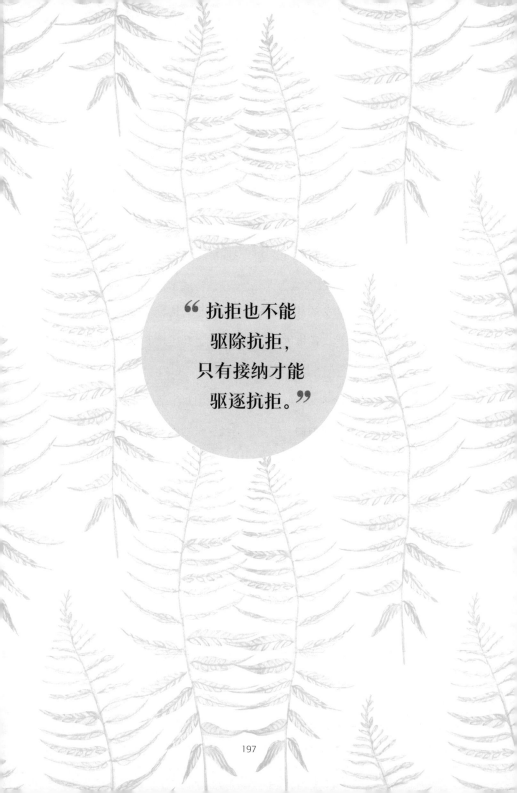

“ 抗拒也不能
驱除抗拒，
只有接纳才能
驱逐抗拒。**”**

螺旋上升的人生之旅

人生的旅程，常常会让人觉得像是在兜圈子，有时我们感觉好像回到了起点。但是随着年龄的增长，在回顾过去时，我们才意识到，那些感觉像是重复的事情，实际上也是在曲折蜿蜒中的进步，每一次，我们要么沿着逐渐变化的方向前移，要么沿着消极混乱的方向沦陷。

我们都熟悉势头的基本原理，启动总是要耗费最多的能量，但随后似乎能轻松地向前推进。无论是螺旋上升还是下降，我们的生活都可以感受到它们在以自己的惯性前进。

在人生的旅途中，我们常常忘了，我们对生活的态度在很大程度上推动了它的前进方向。例如，当我在纽约市一家精神健康诊所工作时，我的一个朋友被解雇了。我走进她的办公室，对她说："珍

妮特（Janet），我很抱歉这件事发生在你身上。也许有一天你回首往事时，会发现这是最好的结果。"

她轻声笑着说："我不知道这是不是人生的馈赠，但我会尽力让它变成最好的结果。"

我被她坦然接纳自己的处境和乐观的态度所感动。她的接纳使她能够创造积极改变的动力，推动生活的轨迹向上延伸。她决心寻找生活赐予的任何机会或好处。如果她顽固地认为被解雇是最糟糕的情况，那么她将陷入一直担心的一蹶不振的状态。

> **"世事本无
> 好坏之分，
> 思想使然。"**
>
> 威廉·莎士比亚

由态度决定的人体细胞

在电影《我们到底知道多少》（*What the Bleep Do We Know!?*）中，乔·迪斯本札（Joe Dispenza）医生描述了我们人类生命编码的一个方法。一个新产生的细胞，并不总是旧细胞的完全复制；更确切地说，新细胞中含有所有导致其分裂的受体所包含的肽。如果细胞充满了"阴性"肽（例如，抑郁产生的阴性肽），那么新细胞就会产生更多接收与抑郁相关的肽的受体。因此，你的身体实际上会根据你的想法和感受，创造新的细胞。如果你有一小时的时间感到抑郁，在这个期间产生的大量新细胞，将包含更多与抑郁相关的肽的受体。因此，你在当下的态度，也决定了未来的人生轨迹。

你此刻的想法、信念和感受，会随着时间的流逝，成为未来的现实。我们可以选择创造战争，也可以选择创造和平。

在我们的人生中，"势头"这个概念会反复出现。它所指的并非发生在你身上的事，而是你如何对待发生在你身上的事。健康心理学家凯利·麦格尼格尔（Kelly McGonigal）在2013年TED Global的演讲《压力的好处》（*The Upside of Stress*）中解释说，她的研究表明，导致心脏病发作的不是压力本身，而是对压力的理解。如果你相信压力对心脏有害——换句话说，你选择抗拒压力——就很可能对心脏有害。但是如果你把压力看作是有益的，它带来专注力、能量和动力，并且积极地应对压力，那么压力实际上可以强化为我们应对生活挑战的能力。

"积极思考的力量"与接纳、自我关怀和可能性有什么关系？一旦你同情自己的痛苦和挣扎，一旦你对自己抗拒的事物敞开心扉，一旦你主动创造条件来改变现状，你自然而然地就会进行积极的思考，你就愿意接纳各种可能性。

转变看问题的角度

思考下面三个问题，能够帮助你从一个新的角度看待事物，从而创造一个积极的转变，从抗拒到顺应再到可能性。仔细思考每一个问题，看看能够产生什么真知灼见。

❊ 发生了这些事之后，我想成为什么样的人呢？

❊ 我如何能够扭转局势，化弊为利？

❊ 对我来说这里蕴含什么发展的可能性？如何面对这些，并从中成长？

可能性和感激

接纳的态度可以帮助你看到糟糕现实的积极一面，看到荆棘丛中的鲜花。当我们适应所处的现实时，我们就可以自由地将注意力专注于那些值得我们感激的事情、那些对人生有益的事情，而不仅仅沉湎于无用之事。

黛尔（Dale），一个我以前认识的寡妇，她通过感激来帮助自己摆脱悲伤。她感激的并非丈夫突然离世，而是两人之间多年来共同分享的爱。她很感激他曾经是自己的丈夫，并赋予她的生活无尽的幸福和爱。

我有时候会通过向客户提出下面这个问题，推动他们实现从悲痛到感激的心态转变："如果我能挥动魔棒，带走你所有的痛苦悲伤，但这也意味着我将带走你对逝去的挚爱的回忆……你想要这笔交易吗？"几乎每个人都说"不"。他们宁可承受失去挚爱的痛苦，也要留住对喜悦和爱的回忆。

黛尔不仅感激曾经拥有的美好，也感激悲痛带来的不同生活方式。她遇到了其他寡妇，并分享了自己的经历，她还在悼念网站上分享了"悼念诗歌"，感动了所有其他阅读了诗歌的悲恸欲绝的人。在她丈夫去世3年后，她感到自己比失去丈夫之前更慷慨、更有精神，对自己和他人更有同情心。

感激是把痛苦转化为积极心态的强大魔法。当你把它和接纳结合在一起时，你就能拥有无限可能。

如果当下要求你充满感激之情觉得牵强，那也没关系。有时候，拥有一点好奇心，或许是我们应对现实的最佳选择。问问自己："我想知道这件事怎么样才能变成好事？""如果一切能够如愿，我很想知道现在的情况能够给我带来什么变化，这些变化将如何发生。""我想知道，会出现什么让我感激的事情。""为什么这对我来说能够是一件幸事，而不是坏事？"无论人生给予什么，我们都能够从中吸取经验教训，我们只需要放松并审视现实。

> **❝感激是一个强大魔法，能将痛苦的感受转化为积极的心态。❞**

将接纳提升至新境界

任何一本关于接纳的书，如果不讨论人类共同的命运——死亡，都是不完整的。是的，如果我们愿意，我们可以抗拒死亡，假装它永远不会发生；我们可以点头或握手来接纳它的必然性，然后忘记它；或者我们可以面带微笑，拥抱我们注定的命运。无论如何，死亡都会到来。但是拥抱我们的命运，接纳死亡，能够将我们从恐惧的压抑中释放出来，允许我们用死亡激励自己去追求更有意义的生活。敞开心扉接纳死亡，能带来最大限度的自由。

史蒂芬·柯维（Stephen Covey）在他的畅销书《高效能人士的七个习惯》（*The 7 Habits of Highly Effective People*）中创造了"以终为始"这句话，并将其作为第二个高效的习惯。他建议，当你开始一项任务或项目时，你应该对自己想要达到的目标有一个清晰的认识，然后一直朝着那个目标前进。

在讨论第二个高效的习惯时，柯维建议我们想象自己的葬礼以及参加葬礼的人会对自己做什么评价，以此帮助我们评估自己迄今为止的生活。接纳死亡能让我们拥有对人生最清晰的认识，所以，套用柯维的话，每一天从心中想着死亡开始。知道自己的时间有限，才会让每一天都很重要。难道你不想在生命走到终点的时候，能够毫无遗憾地说，"我满怀激情地生活，珍惜时间，过着精彩、丰富、有意义的生活吗？"我们是否真的能够和死亡成为朋友，将其作为活在当下、爱和接纳的催化剂呢？这样做是否会让你更充实地生活？

> **"敞开心扉接纳死亡，
> 能带来最大限度的自由。"**

你人生的终点，会是什么样子

我坐在他的床边——他的临终之床。拉尔夫（Ralph）和我只见过两次面。他知道自己快死了，并很乐意谈论这件事。作为一名临终关怀的志愿者，我原本以为所有临终关怀的病人都想谈论死亡。但是很多人没有，他们想谈论天气、家庭、生活，但却对即将来临的死亡闭口不提。在我们的社会里，死亡是一个禁忌的话题……即使对那些濒临死亡的人来说，也是如此。

拉尔夫已经84岁了，他坦然地接纳了人生即将走到终点的命运。他相信自己会被一群歌唱的天使迎入天国。他说："我不在乎我即将死去，但我多希望年轻时就懂得如何面对死亡。"

"真的吗？"我接着问，"你这是什么意思？"

"我是说，我一直都知道我会死，这是显然的。但我从来没有将生命中的每一天，都当成最后一天来活过。"他说。

"如果时光倒流，你会有什么不同的做法吗？"我问。

"可以肯定的是，我不会那么担心死亡，"他若有所思地回答，"因为，这完全是浪费宝贵时间，并且毫无意义。"

我没有说话，想看看他是否还会说些别的想法。

"我想，我会玩得更开心；玩得更快乐，也更放松；也许会更

> **生命——我们出生日期和死亡日期之间墓碑上的破折号。你是怎么填充这个破折号的？**

宽容别人，毕竟每个人都在竭尽全力地生活。不过话说回来，我也一样。"

拉尔夫已经接纳了他目前的处境。他的话，是自我关怀和关怀他人的绝佳案例。拉尔夫提醒我要充分利用时间。接纳自己即将死去是一回事，但让死亡激发生命力，可以带来最大的自由。

大约一周后，我接到组织负责人的电话，说拉尔夫平静地离开了人世。我回想起他是如何包容地生活，如何优雅地死去，没有痛苦和愤怒。我想他现在一定在天堂里和天使们一起唱歌。

即使有了与生俱来的挣扎，生命仍然是一份礼物。当你拿着这份礼物面对死亡时，你就会意识到，此时此刻，就是开启生命各种可能性的绝佳时机。

> **一座罗马教堂的地下墓穴里的一块牌匾，上面用五种语言写着：'你们的现在，就是我们的过去；我们的现在，就是你们的未来。'**

赋能技巧

核心技巧：玩快乐的游戏

感激能够将接纳提升到全新的高度，所以这是一种很好的锻炼。在埃莉诺·波特（Eleanor Porter）于1913年出版的同名小说《波莉安娜》中，深受喜爱的虚构人物"波莉安娜"（Pollyanna）总是玩"快乐的游戏"，以此作为在消极现实中专注于事物积极一面的一种方式。在任何时候，我们都可以从这个快乐游戏中受益。

花点时间停下来，把注意力集中在当前值得感激的六件事上。为了便于统计，它们必须在你的经验领域中或视线范围内。因此，当我写这篇文章时，我写下的六件事是："我很高兴拥有电能。""我很高兴有暖气（外面冷得要命）。""我很高兴我的爱犬躺在我旁边的地板上，我能听到它的鼾声。""我很高兴自己非常期待今晚由丈夫安排的浪漫晚餐。""我很高兴能坐在舒适的办公椅上，因为我坐在电脑前打字时，这把椅子提供了完美的腰部支撑。""我很高兴我的电脑工作正常。"

你也可以反过来，专注于在这个特殊时刻无须去做的一些事情。例如，现在，"我很高兴我不用去医院。""我很高兴我的车没有爆胎。""我很高兴我没有牙痛。""我很高兴我没有无家可归。""我很高兴我此刻不需要在外面铲雪。"

当你从接纳的角度（正向或反向）专注于快乐时，你就会放大对生活的感激之情，那么就能够拥有更多清晰的可能性。当你说出每一种喜悦时，请短暂地闭上眼睛，深呼吸，感受喜悦在身体里流动。真正让感激渗入你的意识，渗入你的骨髓。感受快乐，品味喜悦，吸收欢喜，在欢喜中快乐吧！

附加技巧1：想象未来的自我

看看自己在当下的挣扎。现在想象一下未来的自己（十年后的自己）坐在房间的另一头。你长什么样？你怎样站或坐？你会穿什么？让未来的自己观察当前这个挣扎的自己。问问未来的自己，"你觉得我怎么样？""你注意到了什么？""现在生活中我需要注意什么？""你对我有什么忠告吗？"听听未来的自己会对现在的自己说些什么。深呼吸，等待内心的回答。在现在和未来之间浮动的可能性是什么？

附加技巧2：营造画面感

　　想象在一个快乐、平静的地方休息，可以帮助你进入内在的平静，获得创造力、洞察力和可能性。

　　闭上眼睛，想象一个特别的地方，这个地方可以是真实的，也可以是虚构的，在那里你会感到完全的放松，也会接纳真实的自己。也许那是你童年时家中的一个房间，是你最喜欢的度假地，也许那是热带海滩，是夏日森林中的一片青苔。看看你是否注意到周围的声音、颜色、材质、香味或其他细节。呼吸那里的气息，当你享受这个完全放松和快乐的地方时，你会微笑，感觉它笼罩着你的魅力。让自己在这里感受快乐。这个拥有深深的满足和接纳的地方是可能性的发源地。

结　语

> **66 接纳之前，我们无法改变任何事。99**
>
> 卡尔·荣格

　　每次开始治疗客户之前，我都会与对方一起，进行一次简短的正念冥想。我们同时闭上眼睛，然后我说："现在放松自己，注意自己的呼吸……吸气……呼气……放松身体进入当下。你就在这里。现在，让自己轻柔地与周围的世界融合在一起，接受此时、此地、此刻的现实。"然后我会敲三次西藏回音佛钵，说"跟着钵声呼吸"，然后我们听着钵声呼吸，直至声音慢慢消散。

　　我的客户们渐渐喜欢上了敲佛钵这个仪式。甚至是在治疗过程中负责活跃气氛的小猎犬库珀（Copper），也好像知道如何"跟着钵声呼吸"！这个简单的仪式能够带来几个好处。它可以让我们在忙碌的一天中停下来；让我和客户在正式的话疗开始之前集中精力；也给了我一个不动声色地传播关怀和接纳的机会。虽然我在冥想中没有使用这两个词，但是我通过创造"敞开心扉"的温和气氛，宣扬了这些概念。

读过这本书后你会知道，自我关怀和接纳，是让生活过得更幸福、更平静的基石。坐上"无偏见去接纳"的竹筏，你就能随着"顺应现实"的小河自由漂流。

去年，我花了一整年的时间撰写这本书，长达一年沉浸在接纳练习的时间，使我比以往任何时候都更加确信它的力量。我让这本书的要义，渗入到自己的生活，沉浸在接纳的心路旅程中，从抗拒到接纳，再到拥有多种可能性。我沉浸在自我关怀之中，并不断反思整个过程。我一次又一次地陷入自己的好奇心中，沐浴在主动接纳带来的温暖中。

> 66 接纳是让你从痛苦
> 通往顿悟的桥梁，
> 是孕育内心平静和个人
> 转变的沃土。99

只用说好

在2008年的电影《好好先生》（*The Yes Man*）中，金·凯瑞（Jim Carrey）扮演一个受到专家启发，对一切都"只说好"的男人。他答应了那个需要搭顺风车的流浪汉；答应了要他继续喝酒的朋友们；答应了那个提出用摩托车载他的女人。这个滑稽的建议，让他开始了一系列的冒险，包括一段新的爱情和好的生活变化。

虽然自我接纳对我来说一直是可靠且强有力的策略，但我想知道接纳一切会是什么样子。我能言出必行吗？我在自己抗拒的生活中寻求内心平静的时候，会遭遇什么样的困难呢？

我接受了这个挑战并对自己说："我接纳延误、日程安排的改变和交通拥堵。"当我听说父亲被诊断出患有前列腺癌时，我主动接纳了自己的抵触心理。以顺应现实为目标，我主动接纳人生旅程中的每一部分。儿子圣诞节不回家？我接纳。二月又要有一场暴风雪？我接纳。患肠胃炎？我接纳。继女要做紧急手术？我接纳。

有时候，对于生活中的种种挑战，我的反应充满沮丧、悲伤、愤怒或抗拒。而这些，我也都通通接纳。我们对接纳说"好"，就意味着要以感激和善意直面痛苦。天啊，在我们的生活中，这种练习的机会简直太多！

　　我要说的是，没错，一整年来，我一直秉持接纳的心态，让它成为我生活的指示灯，因此我的生活确实发生了深远且显而易见的积极转变。这种转变有时候来得并不容易，也可能要等很久。幸运的是，在接纳的过程中，我与自我关怀成为友好伙伴，它帮助我正视困境，帮助我意识到世界上有无数人与我感同身受，让我能够心平气和地与自我交谈。最后，我得以适应这段心路旅程，无论面临何种困境，都能够做到时刻关怀自己。

在整个心理抗拒的过程中，我发现，一些细微变化触发了更大的转变。随着慢慢地顺应各种状况，我也逐渐打开心扉。我能够渐渐放下自己的抵触心理，融入正在发生的一切，然后继续生活，由此我的内心得到了前所未有的平静。

记住，允许自己经历接纳的过程，并不代表你喜欢自己所接纳的事情，也不意味着这件事情无法改变，只能说明你在那一刻放下了挣扎。接纳痛苦的那一刻，你也减轻了痛苦。带着同情，真正让它顺其自然之后，你才能感到自由、走出困境、走向未来。

" 奔涌的海浪带给你深深的宁静；
　流动的空气带给你深深的宁静；
　沉默的大地带给你深深的宁静；
　闪耀的星星带给你深深的宁静。"

接纳的艺术与力量

接纳的艺术，尤其体现在你在接纳过程中做出的选择。你以何种方式进行抗争？对自己抱有多少热情？能不能轻松地适应这一切？简简单单地"允许"就足够了吗？还是说要更进一步，更上一层楼？这个过程的发展方向，基于不同人的独特背景、需求和个性而不同。

接纳的力量，表现为内心的平静和拥有的可能性。当你从一扇紧闭的门，走向一扇打开的门，新的世界也会向你敞开。在接纳自己和别人，接纳自己的处境和过去的过程中，你变得更自由了，自由的程度，或许超乎你的想象。

自我关怀是强化接纳力量的关键。为什么？因为当你把自我关怀应用于自己和自身的每一种感觉，你的抗拒就会逐渐消失，同时你还会发现自己与这个世界的关系发生了变化。自然而然地，你开始对众生有更多的同情，更能感觉到自己与真实的、原封不动的现实间的深刻联系。有些人把这称为顿悟，也有些人称之为觉醒，还有些人认为这就是纯粹的接纳。

现在就是最好的时机。品味当下，活在当下，热爱当下，接纳当下。

❝ 祝愿你的接纳之旅，
成为你通往更高境界的大门。**❞**

总　结

接纳不是

1
接纳不是
漠不关心。

2
接纳不是
放弃希望。

3
接纳
不是软弱。

4
接纳不代表认可或
认同发生的事情是好事。

5
接纳不代表
不可能改变。

接纳是

1

接纳是
放下抗拒。

2

接纳会打开通往更多
可能性的大门。

3

接纳创造
顺其自然的能量。

4

接纳是通往
内心平静的道路。

5

接纳能够
带来自由。

致　谢

一本书的出版需要一个团队的群策群力，而我很幸运能与在各方面都很出色的Octopus Publishing团队合作。

首先，我要感谢我出色的编辑莉安·布莱恩（Leanne Bryan），她再一次相信了我。我们一起将工作与梦想联系在一起，使得梦想成为现实，这是件多么愉快的事！非常感谢波莉·普特（Polly Poulter）的项目管理专业知识，也感谢艺术总监朱丽叶·诺斯沃西（Juliette Norsworthy），是她赋予这本书华丽的视觉感受。此外，我还要对艾莉森·沃姆莱顿（Alison Wormleighton）、科琳娜·马斯西奥奇（Corinne Masciocchi）、MFE编辑服务部、米兰达·哈维（Miranda Harvey）、朱利亚·赫瑟林顿（Giulia Hetherington）、詹妮弗·维尔（Jennifer Veall）和凯瑟琳·霍克利（Katherine Hockley）所做的杰出贡献，表示深深的感谢。

我还要感谢我的文学经纪人约翰·威廉（John Willig）。他是这世界上最无与伦比、超乎想象的文学经纪人。我感谢他由衷的热情和一直以来的支持，并感谢他开放、坚韧的精神。

我要感谢我的父母、我的五个孩子、兄弟姐妹以及所有一路上鼓励、支持和爱我的亲朋好友。

我以合十礼（Namaste代表神圣的光和爱）的方式，向我的灵魂姐妹玛莎（Martha）鞠躬，很幸运能和她一起度过这段旅程。

我要感谢圣公会的圣约翰福音传道士会（SSJE）（英国国教的修道会）的兄弟们，他们近20年来为我提供了安全的港湾和精神上的启发。

我感谢许多其他睿智和受启发的临床医生和研究人员，他们的工作为我提供了帮助，让我了解了自我关怀、正念、接纳和内心平静的重要性。

我感谢这么多年来我的客户——你们教会了我很多关于生命（和死亡）方面的东西，也让我有幸成为你们灵魂深处的伴侣。

最好的永远最晚登场，所以最后的最后，我要感谢我的灵魂伴侣、最好的朋友、同事、第一编辑、爱人和丈夫——丹尼尔·布什（Daniel Bush）。你让我的生活充满了丰富的爱和热情的魔力。我写的每一本书都是在你的直接照顾、支持和编辑指导下才顺利出版。无论是现在还是将来，我感到非常幸运的是你成为我生活中各个方面的伴侣。